江 苏 新 农 村 发 展 系 列 报 告
南京农业大学人文社科重大招标项目

江苏农业信息化发展报告 2012

黄水清 等 著

科 学 出 版 社
北 京

内 容 简 介

本书为《江苏新农村发展系列报告》之一。本书通过文献调查、在线调查、问卷调查、相关单位上报数据等方法，从信息化基础设施建设、信息资源建设、信息服务体系建设等不同的方面，调查、分析并总结出2012年江苏省农业信息化发展的现状。在此基础上，对处于经济社会水平不同发展阶段的苏南、苏中、苏北三个地区的农业信息化区域发展情况进行了对比分析，并选择了一些有代表性的农业信息化典型案例作了较为详尽的介绍。最后，对江苏农业信息化的进一步发展提出了一些具体建议。

本书可作为政府主管部门、农业高校与科研院所、涉农企业等机构相关人士的参考用书。

图书在版编目(CIP)数据

江苏农业信息化发展报告. 2012/黄水清等著. —北京：科学出版社，2013.2
(江苏新农村发展系列报告)

ISBN 978-7-03-036630-6

Ⅰ. ①江… Ⅱ. ①黄… Ⅲ. ①信息技术-应用-农业-研究报告-江苏省-2012 Ⅳ. ①S126

中国版本图书馆 CIP 数据核字(2013)第 020943 号

责任编辑：黄 海 / 责任校对：陈玉凤
责任印制：赵德静 / 封面设计：许 瑞

科学出版社出版
北京东黄城根北街 16 号
邮政编码：100717
http://www.sciencep.com

北京京华虎彩印刷有限公司 印刷

科学出版社发行 各地新华书店经销

*

2013 年 2 月第 一 版 开本：787×1092 1/16
2013 年 2 月第一次印刷 印张：8 3/4
字数：130 000

定价：49.00 元

《江苏农业信息化发展报告2012》

主要撰写人员

黄水清　吴建强　傅坚列　茆意宏　彭爱东　朱毅华

总　序

为了深入贯彻落实党的十七届六中全会精神和国家中长期科技与教育发展规划纲要，繁荣我校人文社会科学，强化我校新农村发展研究院的政策咨询功能，从2012年起，南京农业大学在中央高校基本科研业务费中增设人文社会科学重大专项。人文社会科学重大专项通过招标方式，主要资助我校人文社科专家、教授针对我国农业现代化和社会主义新农村建设中遇到的具有全局性、战略性、前瞻性的重大理论和实践挑战，以解决复杂性、前沿性、综合性的重大现实问题为重点，以人文社会科学为基础、具有明显文理交叉特征的跨学科研究。其中，为江苏“三农”服务的发展报告是首批重点资助的项目，项目实施一期三年，每年提交一份年度发展报告，并向社会公布。

江苏地处中国经济发展最快速、最具活力的长三角地区，肩负“两个率先”的光荣使命，正处于率先实现小康社会奋斗目标、全面开启现代化建设征程的新的历史起点。其经济社会发展的现状为南京农业大学发挥学科特点和综合优势，服务社会需求和发展大局，提出了新的挑战，提供了新的机遇。我校设立校人文社会科学重大招标项目主要基于四个方面的出发点。第一，随着我国整体改革的进一步深入，农业现代化进程的不断加快，农业现代化过程中凸显的难点和重点问题，使得人文社科研究的整体性、系统性、迫切性更加突出。我校通过顶层设计、设置人文社科重大招标项目——江苏“三农”相关领域发展报告，就是希望我校农业相关的人文社科领域专家、教授发挥团队力量，通过系统设计、周密调研和深入剖析，实现集体“发声”，冀求研究成果为江苏“两个率先”的实现做出应有的贡献，并对全国的农业现代化、对将来起示范和引领作用，从而扩大南京农业大学人文社科研究整体的社会影响力。第二，通过项目的实施，希望进一步引导我校人文社科领域专家、教授更加注重实际、实例与实体研究，更加关注传统与现实的结合，更加注重研究的定点和定位，更加重视科学研究资料和素材的积累。第三，通过项目实施，一个报告针对一个问题、围绕一个主题，使人文社科老师的科研活动多与社会、多与政府对接，使得研究成果的社会影响力和政府影响力都能得到充分发挥。第四，希望我校人文社科的老师与自然科学的老师形成交叉，培育新的人文社科学科发展增长点，推动学校创新团队培养和学科交叉融合。通过项目的实施，人才、团队、成果、学科、学术都能得到同步成长。

《江苏新农村发展系列报告》(2012)共分为七个分册，分别为《江苏农民专业合作组织发展报告 2012》、《江苏农村金融发展报告 2012》、《江苏乡村治理发展报告 2012》、《江苏农村社会保障发展报告 2012》、《江苏休闲农业发展报告 2012》、《江苏农业信息化发展报告 2012》、《江苏农村政治文明发展报告 2012》。各报告包括了 2012 年江苏全省农业相关领域的发展现状、总体评价、趋势分析及对策建议等；分别针对苏南、苏北、苏中专题进行评述并提出了相关建议；评析了 2012 年全省农业相关领域发展的典型案例；并附有 2012 年全省农业相关领域发展统计数据、政策文件以及发展大事记等。项目通过实证研究和探索，获得来自于农民生活、农业生产和农村社会实际的第一手资料，以期为政府决策提供真实的信息。项目实施过程中充分发挥了青年教师与研究生等有生力量的作用，既扩大了工作的影响面，又培养了人才。

总之，我校从专家集体发声、鲜明的导向、与社会及政府部门的对接、团队和学科交叉的发展这四个方面设计资助人文社会科学重大招标项目，希望对我校的人文社科发展起到积极的推动作用，能真正达到“弘扬南农传统和优势、对接古典和现实、破解农业现代化难题、振兴南农人文社科”的目的，同时为我国“三农”事业、经济社会发展，为江苏省农业科技进步、农业现代化和新农村建设做出新的贡献。

在项目的实施和发展报告的编写过程中，农业相关领域省级主管部门及各级各单位、各项目负责人及课题组成员给予了大力支持和密切配合，相关领域的领导和专家给予了指导，在此一并致以谢忱。

《江苏新农村发展系列报告》是一个全新的尝试，不足甚至谬误在所难免，还望社会各界倾力指教，以利更真实地记录江苏农业现代化进程的印迹，为美好江苏建设留下一组侧影。

南京农业大学副校长　丁艳锋

二〇一二年十二月

前　言

我国是农业大国，"三农"问题是我国社会和经济发展的根本性问题。以信息化促进农业现代化和新农村建设，是全面繁荣农村经济的重要途径。2011年江苏省全面部署"十二五"农村信息化工作，提出把推进农村信息化作为促进农业现代化、建设社会主义新农村的重要举措，进一步加强农村信息基础设施，推进农业生产经营信息化，完善农村信息服务体系，推动全省农村信息化走在全国前列，为又好又快推进"两个率先"提供有力支撑。为了全面反映江苏省农业信息化的发展状况，为我省各级政府、企事业单位和专业人士提供及时的农业信息化发展信息，南京农业大学信息科学技术学院和江苏省农业信息中心联合开展《江苏农业信息化发展报告 2012》的编撰发布工作，通过文献调查、在线调查、问卷调查、相关单位上报数据等方法，调查分析江苏农业信息化的发展状况，并以年度发展报告的形式发布。2012 年度的调查内容涉及江苏省农业信息基础设施建设、农业信息资源建设与农业信息服务利用、农业信息服务体系建设等方面，同时以江苏省、市、县(市、区)农委信息系统为主要对象，对苏南、苏中、苏北地区农业信息化的发展现状进行了区域比较。我们希望本报告的发布，能够对提高江苏省农业信息化的建设发展和应用服务水平起到积极的促进作用。

本项目得到中央高校基本科研业务费专项资金、南京农业大学人文社会科学重大招标项目(项目编号：SKZD201208)的资助。

鉴于我们的能力和水平有限，本报告难免会存在一些缺陷，恳请广大专家和读者予以批评指正，以使我们在今后的调查工作中不断改进。

黄水清

二〇一二年十二月

目　　录

第一章　2012年江苏省农业信息化发展总报告

一、发 展 背 景

农业信息化是通过加强农村广播电视网、电信网和计算机网等信息基础设施建设，充分开发和利用信息资源，构建信息服务体系，促进信息交流和知识共享，使现代信息技术在农村生产经营、政策管理等各个方面实现普及应用的程度和过程(李道亮，2008)。作为国民经济和社会信息化的重要方面、农业现代化的重要标志，农业信息化对于解决“三农”问题，促进农民增收、农业增长、农村稳定都有积极深远的影响。自 1996 年第一次全国农村经济信息工作会议明确了我国农业信息化建设的方向以来，江苏省在农业信息基础设施、农业信息资源、农业信息服务体系建设等方面都取得了不小的成绩。

在农业信息基础设施方面，江苏省持续投入，推进电话、宽带、广播电视“村村通”工程，信息基础设施建设领先于国内其他地区。1997 年，江苏省在全国率先实现行政村“村村通电话”，2006 年年底全省 82215 个自然村已全部通电话。2007 年，江苏省在全国率先实现行政村“村村通宽带”，全省 18282 个行政村均具备宽带接入能力，2008 年年底在全国率先实现自然村村村通宽带，全省 150548 个自然村“一个也不少”。根据江苏省统计局的数据，到 2011 年年底，全省固定电话用户达 2370 万户，其中农村用户达 978 万，移动电话用户达 6684 万户①；全省平均每百户农民家庭拥有手机 183.1 部，

① 2011 年全省国民经济和社会发展主要指标. [2012-12-20]. http://www.jssb.gov.cn/tjxxgk/tjsj/ndsj/201208/t20120830_122407.html

拥有电脑 15.8 台。2006 年年底，江苏省农村有线电视用户为 749.7 万户，入户率为 47.21%；2008 年年底，江苏省农村有线电视用户为 1219.37 万户，入户率为 61.58%；2009 年，江苏省达到农村有线电视入户率 64.4%，农村广播节目综合覆盖率 99.99%，农村中央广播节目综合覆盖率 99.52%，农村无线广播综合覆盖率 99.77%，农村电视节目综合覆盖率 97.95%，农村无线电视综合覆盖率 99.85%；2011 年，江苏省进一步推进有线电视进村入户工程和地面数字电视、移动多媒体广播电视建设，不断提高广播电视综合覆盖水平，基本实现广播电视村村通，综合人口覆盖率已达 99.99%和 99.88%，农村有线电视用户达 1551 万户、入户率 78.3%①。根据江苏省统计局的信息，截至 2011 年年底，全省平均每百户农民家庭拥有影碟机和彩电分别为 130 台和 142.1 台②。

在信息资源建设方面，一方面，江苏省大力开展农业信息网络服务。江苏农业信息网络化建设始于 20 世纪 90 年代。1997 年江苏省农业科学院主办的江苏农业科技信息网建成开通；1998 年江苏农业信息网正式建成开通；20 世纪 90 年代后期，江苏省科技情报研究所牵头组建了江苏科技信息网络中心，并在各地方科技管理部门建立农村科技信息网。进入 21 世纪以来，农业信息网络进入快速发展时期，逐步形成农业科技信息网、农业政务网、农业商务网、农业企业网等农村信息网络体系，全省 13 个市及下属市、县(市、区)级农业网站全面建成并联网，逐步形成从省级中心站到市、县农业主管部门的农业信息网络体系。全省 90%的乡镇建立了二级农业网站，70 多个地方特色农业网站加入网站联盟，实现信息共建共享(赵霞等，2011)；全省所有的市、县科技局及部分乡镇均建有科技信息网或科技信息站；农业龙头企业、

① 江苏省基本实现广播电视村村通. [2012-12-20]. http://www.jseic.gov.cn/qtbt/cslm/xxzy/xxzygzdt/201202/t20120220_107718.html

② 农民收入破万元 百姓生活更美好. [2012-12-20]. http://www.jssb.gov.cn/tjxxgk/tjfx/sjfx/201211/t20121102_147506.html

专业合作组织以及种养大户、农民经纪人上网查询信息、网上交易的意识明显增强，农村电子商务发展呈现良好态势。另一方面，江苏省农委开通了“12316”惠农短信系统，江苏省县级农业部门基本开通“12316”农业服务热线电话，中国移动江苏公司开通了“农信通”短信息、语音信息服务平台。此外，江苏省农业部门充分发挥电脑网络(网站)的信息集成作用，将电视、电台、电话的视频、音频、文字信息集成到网站上来，充实公用信息资源数据库，并通过数据采集与交换软件，实现异地信息交换与共享，目前已建成 50 多家；江苏省农业部门积极探索发展智能农业，江苏省农委先后建成省—市—县农业视频会议系统、高效设施农业管理系统、有机农产品地理信息系统，与无锡共建“中国智能农业(感知农业)示范区”，扶持建成了一批具有代表性、示范性的农业物联网应用示范点，如丹阳集约型猪场智能应用系统、如东规模养鸡场智能调控系统、宜兴水产养殖环境智能监控系统、江阴“放心肉”智能追溯系统、宿迁禽类防疫视频监控系统等。

在信息服务体系建设方面，江苏省多部门合力推进农业信息化建设。省委农工办、省经信委、省农委等部门围绕农村信息化做了大量宣传、示范和统筹协调工作，目前农业部门从省到市、县都设有农业信息化管理机构，过半数乡镇依托农技推广部门建立了农业信息服务站；2011 年 12 月，省委农工办、省经信委、省农委、省商务厅联合认定全省 23 家街道、镇、村为 2011 年度“江苏省农村信息化应用示范基地”。省通信管理局切实推进电话、网络“村村通”工程。省远程办大力实施农村党员干部远程教育网点建设，在行政村基本实现站点全覆盖。省科技厅组建了农业科技信息网络体系和“江苏农村科技服务超市”网络。省文化厅不断推进文化共享工程农村基层服务点的建设。江苏省农业科学院和南京农业大学、南京林业大学等农业科研院所、农业高校依托自身的科研优势，依靠传统和现代化信息服务平台面向全省开展农业科技服务。江苏电信、江苏移动等电信运营商利用互联网和短信息、语音等平台，面向全省开展农业信息服务。

“三农”问题是关系到我国社会和经济发展的根本性问题，以信息化促进农业现代化和新农村建设，是全面繁荣农村经济的重要途径。2011 年江苏省全面部署“十二五”农村信息化工作，提出把推进农村信息化作为促进农业现代化、建设社会主义新农村的重要举措，进一步加强农村信息基础设施，推进农业生产经营信息化，完善农村信息服务体系，推动全省农村信息化走在全国前列，为又好又快推进“两个率先”提供有力支撑。2012 年中央一号文件明确指出要“全面推进农业农村信息化，着力提高农业生产经营、质量安全控制、市场流通的信息服务水平”，“加快国家农村信息化示范省建设，重点加强面向基层的涉农信息服务站点和信息示范村建设”。2012 年，江苏省委、省政府高度重视农业信息化建设，全省各地积极探索信息技术在农业生产领域的应用，扎实推进农业信息化建设，强化科技支撑，为加快转变农业发展方式、发展现代农业发挥了重要作用。

二、2012 年江苏省农业信息基础设施发展现状

根据江苏省通信管理局的统计，到 2012 年 10 月全省电话用户 9782.23 万户，其中固定电话用户 2348.26 万户，移动电话用户 7433.97 万户，固定电话普及率 30 线/百人，移动电话普及率 94 部/百人[①]。根据江苏省通信管理局、江苏省互联网行业管理服务中心、江苏省互联网协会 2012 年 3 月联合发布的《江苏省互联网发展状况报告》[②]，到 2011 年年底，江苏省网民数达到 3685 万人，互联网普及率达到 46.8%，苏南、苏中和苏北地区的互联网普及率分别为 54.6%、47.4%和 37.9%，其中江苏省农村网民规模为 918 万人，占总体网民的 24.9%。农村地区网民的男女性别比例为 53.6：46.4；农村网民的学历

① 2012 年 10 月江苏省通信行业主要指标完成情况. [2012-12-20]. http://www.jsca.gov.cn/ xxgkghtj/hytj/ 201212/t20121207_38928.html

② 江苏省互联网发展状况报告. [2012-12-20]. http://www.jsca.gov.cn/zxzx/hygc/jshlwfzbg/201206/P020120605552005930228.pdf

偏低，小学及以下、初中、高中学历网民占总体网民的 63.2%，大专院校学历占 14.7%，本科占 21.9%，硕士及以上占 0.2%；农村网民上网设备中，台式电脑占 75.7%，手机占 70.3%，笔记本电脑占 43.2%，掌上电脑占 0.6%，信息家电占 1.2%。根据江苏省通信管理局的统计，到 2012 年 9 月全省宽带接入用户为 1314.4 万户，移动互联网用户为 5235.8 万户①。

2012 年以来，全省广播影视系统以构建广播影视城乡一体化公共服务体系、促进民生幸福为目标，积极采取有效措施，深入推进广播电视户户通工作，初步建立起有线电视城乡一体化公共服务体系。截至 9 月底，全省有线电视用户总数已达 2040.03 万户、平均入户率 84.40%。全省农村行政村通有线电视率已达 100%，并有 20 个县(市、区)实现了有线电视户户通②。

三、2012 年江苏省农业信息资源发展现状

1. 农业信息资源建设现状

2012 年，江苏省各级政府农村部门、农业高校与研究院所、电信运营商等机构加快计算机、通信和互联网等信息技术在农业生产、经营、管理领域的应用，进一步打造涉农网站、短信系统、三农热线、农业信息自助服务系统(触摸屏)等新型农业信息服务平台，积极发展农业电子商务，建设农业指挥调度(远程视频监测系统)平台，加快物联网技术在畜禽养殖、温室大棚、水产养殖、露地作物等领域的应用示范。

(1) 涉农网站

到 2012 年年底，全省形成了以各级政府农村部门为核心，相关高校、科

---

① 2012 年 9 月江苏省通信行业主要指标完成情况. [2012-12-20]. http://www.jsca.gov.cn/xxgk/ghtj/hytj/201210/ t20121022_38839.html

② 省广电局关于今年前三季度“三农”工作进展情况的报告. [2012-12-20]. http://www.jsgd.gov.cn/ReadNews.asp?NewsID=11597

研院所、电信运营商、社会信息服务机构为补充的农业网站服务体系，既有综合性的江苏农业网、江苏为农服务网、江苏优质农产品营销网等网站，也有南京农业老板网、中华果都网、华东花木网、江苏食用菌网等特色专业网站。

目前，全省各级农业部门建设的农业政务网、特色农业网、农产品电子商务网站 2000 多个。江苏省农委建有江苏农业网、江苏优质农产品营销网、江苏为农服务网等。江苏农业网突出政务公开、网上办事、投诉举报、在线交流等功能。江苏优质农产品营销网(原江苏农业商务网)是省级农业电子商务平台，及时发布产品供求、价格行情、市场走势、分析预测等信息，按有机、绿色、无公害和其他优质农产品进行分类，按地域分区展示展销，还具备网上洽谈、网上订单、网上支付等功能，是国内首家具备网上支付功能的省级农业电子商务平台。江苏为农服务网重点推广农业新品种、新技术、新模式，以文字、音频、视频等多种形式实现远程实时咨询、网络视频点播、病虫害远程诊断、网络远程培训、生产现场远程监控等。根据江苏省内各市、县(市、区)农委信息职能部门的数据，江苏省内各市、县(市、区)级信息职能部门中，95%的部门都建有涉农网站，其中 86%的部门是自行建设网站，14%的部门是与其他部门合作建设网站。各地涉农网站的主要服务内容有种植业信息、畜禽养殖信息、市场信息、设施园艺信息、水产养殖信息、政策信息等。各地还有一些特色服务内容，比如“名优农产品展厅”、龙头企业信息等。90%的部门自行建设涉农网站的内容，一些部门通过合作机构和上级机构提供网站内容，64%的部门每天更新网站内容。

江苏省农业科学院是省属农业科研机构，面向全省开展农业科技服务，建有江苏农业信息网(江苏农村科技服务超市网)、江苏省农业物联网共享平台、江苏省村级综合信息服务站等网站。江苏农业信息网(江苏农村科技服务超市网，http://info.jaas.ac.cn/)由江苏省科技厅与江苏省农业科学院联办，是江苏省农村科技服务超市项目的支撑平台，同时面向全省提供农业资讯、成果技术、专家咨询、远程视频等服务。江苏省农业物联网共享平台

(http://wlw.jaas. ac.cn/index.action)面向江苏省农业科研人员，为设施农业、大面积作物种植、大规模畜禽养殖和水产养殖等农业生产用户提供集实时农业生产环境监测、多种远程控制方式于一体的农业物联网应用接入服务。江苏省村级综合信息服务站(http://www.jsma.ac.cn/)提供各类农业政策、科技、市场信息，开展远程教育、远程诊断等服务。

中国移动、中国电信等电信运营商的江苏公司也各自开通了基于短信、彩信、语音热线、互联网、移动互联网的农业信息服务平台。中国移动江苏公司与新华社江苏分社合作开展“农信通”项目，新华社江苏分社整合协调江苏省政府及学校、院所涉农信息资源，在充分利用新华社总社全国农副产品和农资价格行情监测系统、多媒体数据库、专供中央及各省领导干部的“三农”分析报告等社内资源的基础上，依据江苏省各地农情、地域特色及市场需求，面向广大基层农业生产者、普通农户、涉农企业、农村合作组织、农业投资者以及江苏省各级涉农政府部门人员，多形式、全方位地满足“三农”用户对农技、农价、劳务、气象和农村政务管理等民生问题的信息需求[①]。江苏农信通专家平台(http://www.js12582.com/)是由江苏移动通信有限责任公司联合新华社江苏分社、江苏省党员干部现代远程教育中心和江苏省农业科学院等单位向广大农村客户推出“专家咨询业务”网站。中国电信江苏公司建立的新农村综合信息网站“信息田园·江苏新农村”(http://www.jsnc.cn/)也逐渐成为农村生产、生活实用信息资源的“集散地”，为大学生村官、涉农组织、基层政府、农户提供信息服务。

为了了解江苏省农业网站发展的现状，我们对目前正在运行的江苏省各级农业政府部门、农业科研教育部门和涉农企业建设的农业网站进行了评价。本次评价的江苏省农业网站共有 283 个，其中省级政府农业网站 24 个、市级政府农业网站 39 个、区县级政府农业网站 91 个、科研院所农业网站 10 个、

① 农信通. [2012-12-20]. http://www.js.xinhuanet.com/2012-09/14/c_113083453.htm

涉农企业农业网站 87 个和农业特色网站 32 个。主要从网站内容与功能建设、网站性能、网站服务效果与知名度三方面构建江苏省农业网站评价指标体系(表 1-1)，通过专家打分确定一级指标及二级指标的权重。表 1-2 至表 1-7 是省级农业网站、市级农业网站、农业科研机构网站、区县级农业网站、企业农业网站、农业特色网站等的评估排名情况。总体情况是苏南地区的涉农网站的平均综合指数高于苏中，苏中高于苏北。从网站内容与功能建设、网站服务效果与知名度这两项一级指标的评估得分看，也是苏南最高，其次是苏中，苏北最低。

表 1-1 江苏省农业网站评价指标体系

一级指标	二级指标
性能指标	访问速度
	错误率
	网页兼容性
内容与功能建设	栏目数
	内容量
	更新量／速度
	网站地图
	搜索功能
	互动与咨询
	会员服务
	网上办事(政务／商务)
服务效果与知名度	访问量
	链接量

表 1-2 省级农业网站评估排名(部分)

排名	网站名称	网址
1	江苏农业网	www.jsagri.gov.cn
2	江苏粮网	www.jsgrain.gov.cn
3	江苏农业信息网	info.jaas.ac.cn
4	江苏省农业机械化信息网	www.jsnj.gov.cn
5	江苏海洋与渔业网	www.jsof.gov.cn
6	江苏省农业资源开发局	www.jsacd.gov.cn

续表

排名	网站名称	网址
7	江苏林业网	www.jsforestry.gov.cn
8	江苏省农机安全监理信息网	www.jsnjjl.gov.cn
9	江苏为农服务网	www.js12316.com
10	江苏农民培训网	www.jsnmpx.gov.cn

表 1-3　市级农业网站评估排名(部分)

排名	网站名称	网址
1	金陵农网	www.njaf.gov.cn
2	南通农业信息网	www.ntagri.gov.cn
3	江南农网	www.wxagri.cn
4	常州市农业委员会	www.czagri.gov.cn
5	南京水利网	www.njsl.gov.cn
6	苏州市农业委员会	www.nlj.suzhou.gov.cn
7	镇江农业委员会	snw.zhenjiang.gov.cn
8	连云港农业信息网	www.lagri.gov.cn
9	无锡市农业机械局	njj.chinawuxi.gov.cn
10	盐城农业信息网	www.ycagri.gov.cn

表 1-4　科研机构农业网站评估排名

排名	网站名称	网址
1	江苏省农业科学院	home.jaas.ac.cn
2	江苏省家禽科学研究院	www.jpips.org
3	江苏省中科院植物研究所	www.cnbg.net
4	江苏里下河地区农业科学研究所	www.yzaas.com.cn
5	江苏丘陵地区镇江农业科学研究所	www.zjnks.com
6	苏州市农业科学研究院	www.sznky.com
7	江苏沿江地区农业科学研究所	www.ntaas.cn
8	江苏省海洋水产研究所	www.jsocean.com
9	江苏省林业科学研究院	www.jaf.ac.cn
10	南京市农业科学研究所	www1.njaf.gov.cn/col1132

表 1-5　区县级农业网站评估排名(部分)

排名	网站名称	网址
1	吴中农业信息网	www.nlj.szwz.gov.cn
2	武进农业信息网	www.wjagri.gov.cn
3	惠山农林网	www.hsnlj.gov.cn
4	兴化农业信息网	www.xhagri.gov.cn
5	金坛市农林局信息网	www.jtnlj.gov.cn
6	海安县农业信息网	www.jshaagri.gov.cn
7	溧水农业信息网	www.lsagri.com
8	六合农业网	www.lhagri.com.cn
9	仪征农业信息网	www.yzagri.gov.cn
10	镇江市丹徒区农业委员会	nonglin.dantu.gov.cn

表 1-6　企业农业网站评估排名(部分)

排名	网站名称	网址
1	无锡朝阳集团	www.chinachaoyang.com
2	安惠生物科技有限公司	www.alphay.com
3	沭阳森源绿化苗木园艺场	www.hmsq.net
4	金利油脂有限公司	www.jinli-oil.com
5	苏州玫瑰园园艺有限公司	www.szmgy.com
6	江苏三维园艺有限公司	www.swyy88.com
7	江苏中东化肥股份有限公司	www.jszd.com
8	江苏快达农化股份有限公司	www.kuaida.cn
9	吴江市平望调料酱品厂	www.szyinghu.com
10	江苏建农农药化工有限公司	www.jiannong.com

表 1-7　农业特色网站评估排名(部分)

排名	网站名称	网址
1	南京农业老板网	boss.njaf.gov.cn
2	中华果都网	www.chinadsh.com
3	金桥农网	www.jqagri.com
4	中国家禽业信息网	www.zgjq.cn
5	华东花木网	www.hdhmw.com
6	中国蚕桑网	www.cansang.com
7	江苏食用菌网	www.jssyj.com
8	花木大世界	www.flowerschina.net
9	镇江茶叶网	www.tea-china.cn
10	无锡阳山水蜜桃	www.wxyssmt.com

(2) 农业短信息服务平台

江苏省农委开通的“12316”惠农短信系统，可用于技术推广、农民培训、政策宣传、行政管理、应急反应、工作指导、会议服务等。“12316”惠农短信息平台对用户按信息需求和所在市县乡镇进行详细分类，并设定了一份包括粮油、园艺、畜牧、水产、桑蚕、政策、市场、气象等十三大类七十四小类的信息菜单，供用户选择，用户可免费订阅；用户也可以编辑短信息发送到“12316”惠农短信息平台咨询问题。“12316”惠农短信息平台能对所有移动、联通、电信手机用户发送短信息，服务对象包括全省种养大户、涉农企业从业人员、各级农业部门管理和技术人员等。经过全省各市、县(市、区)农业信息部门的努力，“12316”惠农短信息服务平台目前已采集农户、农产品行业协会成员、农业企业经营人员、农民专业合作社成员、基层农技干部等用户达 15 万户。

根据江苏省内各市、县(市、区)农委信息职能部门的数据，江苏省内各市、县(市、区)级信息职能部门中，77%的部门建有农业短信息平台，其中，63%的部门采用省、市级短信息平台，24%的部门自行建设短信息平台，13%的部门与其他机构合作建设短信息平台。苏中、苏北地区市、县(市、区)级信息职能部门中短信息的普及率高于苏南地区。各地短信息平台的主要服务内容有种植业信息、水产养殖信息、畜禽养殖信息、设施园艺信息、市场信息、政策信息、气象信息、灾害预警等。77%的部门自行采编发布短信息，也有一些部门从上级信息机构和相关合作机构获取短信息内容，主要通过短信息推送进行服务，根据农业生产需要即时发布，兼有咨询服务。

中国移动、中国电信江苏公司也面向江苏省农村开展短信息服务。“农信通”由中国移动江苏公司和新华社江苏分社 2005 年联合创建，当时主要以短信为主要方式为全省农村用户提供信息服务，信息内容包括农业政策、农业科技、农产品供销、农民务工等，目前逐步延伸到农副产品价格行情、气象、电子政务、行业咨询服务、专家咨询等。农信通本着以市场为内容导向的原则，结合各地市农业特色种类、经营规模、农业生产结构组成等要素，分类、差异化、精细化发布有地域特色的果蔬、粮油、苗木花卉、菌蔬的生产和种植技术，国内外种植类行业新动向，畜禽、水产的新品种新技术推广和注意事项，优秀种植大户经验推广等信息，结合即时发生的与种植有关的气象预警、国家政策、价格变动，提出有建设性的风险规避方案和操作方法。农信通基于手机载体，以短信息服务为出发点，构建短信、彩信、WAP、语音、电脑终端接收等全网络服务载体，各种载体互为补充和支撑，使之成为一个集资讯、应用、互动为一体的农村信息化平台；信息内容主要依托新华社覆盖国内外的农业信息采集网络和江苏省政府系统的农业信息网络；中国移动公司提供技术支撑。农信通的用户群几乎覆盖全部涉农领域，其第一目标群是江苏农业生产者和农户，其次是涉农企业、农村合作经济组织、农业投资者，同时也面向各类涉农管理人员①。江苏电信通过“田园快讯”短信服务为农村地区天翼用户(农村经纪人、农资代理人、农产品生产大户、农民商贩、普通农户、农业局相关人员、农业协会相关人员等)提供信息服务，共设有五个基础栏目：综合信息(包含农业气象、农业新闻、健康咨询、法律咨询等栏目)、市场动态(包含供求信息、价格行情、农产品推荐、招商引资等栏目)、农技知识(包含大田作物、蔬菜果品、花卉苗木、畜禽水产等实用技术信息，病虫害防治、农畜产品存储加工信息等栏目)、致富经(包含介绍通过新技术、新思路的致富经典案例，为农村用户通过种植、养殖或发展涉农产品发家致富提供有益参考)、务工信息(包括务工指导、招聘信息、技能培训、用工预警等栏目)。每天向用户发布两条最新资讯，上午下午各发一次。目前，“田园快讯”短信服务全省近 50 万用户。

① 江苏开通手机“农信通”. [2012-12-20]. http://12582.10086.cn/ActionDetail/8134923

(3) 农业热线

江苏省农业部门开通了“12316”农业服务热线电话。“12316”三农热线自动语音系统可以实现 24 小时在线为广大农户提供优质语音服务，所有的农户均可通过电话获取农业信息服务，可实现系统自动应答和人工服务，同时支持专家在线咨询。采用人工座席与按产业分类转接专家电话两种方式相结合，热线服务以专门工作人员和相关专家人工值守为主，自动转拨专家和录音为辅。农民用户在非工作时间拨打“12316”热线，可以在语音导航的提示下，通过按键在语音系统数据库中选择所需要的信息；农民用户在工作时间拨打“12316”热线，可以接受专业技术人员的人工咨询服务，咨询各类涉农政策和农业技术信息等。农民用户在全省任何地方拨打“12316”热线，均以普通市话资费计费(由通信运营商收取)，解答问题或咨询服务一律免费。根据江苏省内各市、县(市、区)农委信息职能部门的数据，江苏省内各市、县(市、区)级信息职能部门中，75%的部门建有农业热线①，其中，44%的部门自行建设热线，34%的部门采用省、市级热线平台，22%的部门与其他机构合作建设热线。苏中、苏北地区市、县(市、区)级信息职能部门中农业热线的普及率高于苏南地区。各地农业热线的主要服务内容有种植业信息、畜禽养殖信息、设施园艺信息、水产养殖信息、政策信息、市场信息、咨询等。84%的部门自行建设热线内容，根据需要按天、周、不定期进行更新。热线服务分自动语音和人工咨询，以人工咨询为主。

江苏移动的“农信通”专家平台也提供专家咨询热线，“农信通”用户拨打专家咨询热线“12582”，农业专家将为用户解答各类问题。

① 由于南京市、盐城市建立了覆盖全市、区、县的市级农业热线平台，部分下属区、县没有填报该项数据。

(4) 农业电视

根据江苏省内各市、县(市、区)农委信息职能部门的数据，各市、县(市、区)级信息职能部门中，71%的部门开设了农业电视栏目，其中，71%的部门与县(市、区)电视台合作开办农业节目，29%的部门与市级电视台合作开办农业节目。苏中、苏北地区市、县(市、区)级信息职能部门中，开设农业电视节目的比例高于苏南。各地农业电视节目的主要服务内容有农业技术信息、致富典型、农业新闻、市场信息、政策信息等。电视节目主要由信息部门和电视台合作拍摄，一般安排每周固定时间播出。

(5) 农业电台

根据江苏省内各市、县(市、区)农委信息职能部门的数据，各市、县(市、区)级信息职能部门中，64%的部门开设了农业广播电台栏目，其中，74%的部门与县(市、区)广播电台合作开办农业节目，26%的部门与市级广播电台合作开办农业节目。苏中、苏北地区市、县(市、区)级信息职能部门中，开设农业广播电台节目的比例高于苏南。各地农业广播电台节目的主要内容有农业技术信息、农业新闻、致富典型、市场信息、政策法规、专家咨询等。48%的信息部门自行录制节目内容，其余部门与广播电台合作录制节目内容，每天或每周固定时间段播出。

(6) 村综合信息服务平台

村综合信息服务平台(“一点通”触摸屏)是省委、省政府“四有一责”建设行动计划的重要内容，是农业信息服务全覆盖工程的重要组成，是直接面对农民的窗口式信息服务的重要载体。村综合信息服务平台实现了信息服务自助化、常态化，促进信息进村入户，提升了农业信息服务覆盖率。

村综合信息服务平台(“一点通”触摸屏)系统数据中心和控制中心建设在江苏省农委，并在江苏省部分基层农业信息服务站点建成触摸屏服务系统应用点，“一点通”触摸屏直接放置于行政村服务中心、超市、农资销售店、乡镇农技站、医务室等地点。

村综合信息服务平台共有一级栏目 12 个(当前农事、本地新闻、通知公告、实用技术、政策法规、市场行情、农家生活、村务公开、产品加工、视频节目、远程咨询、更多信息等)，二级栏目 50 多个。省农业信息中心负责共享栏目信息的更新，同时将适合的地方信息推广为全省公共信息；县级管理员负责当前农事、本地新闻、实用技术等本地信息的更新，组织、督促设置点或信息员加强村务公开等设置点专用栏目信息的更新。农民用户可以通过自助查询终端机在线查询,通过 IP 电话和摄像头与异地农业专家在线交流，点播视频课件等。

2012 年 7 月底全省已经完成 605 台“一点通”的设备安装、项目验收工作，2012 年年底前全省在南京市江宁区、无锡市江阴市、徐州市铜山区、睢宁县、新沂市、常州市武进区、连云港市海州区、淮安市清浦区、金湖县、盐城市亭湖区、滨海县、大丰市、泰州市泰兴市、宿迁市沭阳县、泗阳县等 15 个县(市、区)试点布置 3000 多个。

(7) 农业信息化装备

现代通信、云计算、物联网等技术在促进传统农业转型升级上发挥重要作用，也是我国“十二五”农业信息化发展的重点。农业信息化装备是指在农业生产、管理、销售等过程中使用的信息化设施、设备与软件系统，如农业自动化控制系统(智能温室、智能养殖、自动化排灌)、农机调度系统、农业 GIS、质量控制与追溯系统、电子交易系统等。江苏省农委正在加快物联网技术在畜禽养殖、水产养殖、温室大棚、露地作物等农业生产领域的应用，建设省级农业物联网决策指挥系统平台(实时观察接入本系统的温室大棚、生产基地或规模养殖场的运行情况，直观了解作物、家禽、家畜的生长情况，通过智能视频分析系统和传感数据，并结合已有生长模型及专家系统，对规模养殖场进行远程智能控制)，集成一套应用技术体系(农业物联网技术应用系统感知层技术、网络层技术、应用层技术)，打造智能畜禽养殖业、智能温室大棚、智能水产养殖业、智能露地农业生产四类农业物联网应用示范区。在畜禽养殖领域，全省规模养殖场普遍建立了视频监视系统，实现对养殖场 24 小时全方位监控，有效提升了生产管理和疫病防控水平。其中，丹阳、常州、南通等地一些养殖场建立了环境及生产操作环节的智能化控制系统，大幅提高了劳动生产率。在园艺生产领域，全省各市普遍建立了程度不同的智能温室，通过各种传感器，实时监测温室大棚内温度、湿度、光照、土壤水分等环境因子数据，在专家决策系统的支持下进行智能化决策，也可通过电脑、手机、触摸屏等终端，实时远程调控湿帘风机、喷淋滴灌、内外遮阳、加温补光等设备。在一些露地高效园艺作物如茶叶上应用自动防霜装置等，实现对环境因子的实时监控，为园艺作物生长创造了适宜条件，使产量和效益得到成倍增长。在大田种植领域，全省推广应用了县域耕地质量监测系统，利用触摸屏、PDA、电脑、手机等信息设备及时发布信息，指导农民精确施肥。南京农业大学将信息技术应用于作物栽培，对水稻、小麦等作物生产过程实行数字化设计、信息化感知、动态化模拟，从而实现作物栽培管理的定量化与精确化，取得了节本增效的效果。在水产养殖领域，宜兴、苏州、金坛、高淳等地建立了以调控水体溶解氧为主要目标的智能化控制系统，提高了水产品规格和产量，降低了劳动强度，取得了较好效益。在农产品质量安全监管方面，引进了基于物联网技术的蔬菜质量追溯系统，对有机农作物从来源、生产、检测体系及快递物流等环节进行全程数字化管理，为消费者提供全程的可追溯查询平台。常州、扬州等市也开发应用了农产品质量安全追溯系统，实现了农产品“来可追溯，去可跟踪，信息可保存，责任可追查，产品可召回”。在农业生产远程监控方面，2012 年省农委在省家禽科学研究所、南京市、宜兴市等十七个部门、地区开展远程视频监控系统项目建设，可对各类高效农业重点基地进行远程监控，实时掌握生长情况、农业自然灾害、病虫害、动物疫情等动态信息。根据江苏省内各市、县(市、区)农委信息职能部门的数据，江苏省内各市、县(市、区)平均每县(市、区)建设有智能农业点 3 个以上；苏北地区各市、县(市、区)建设智能农业点的平均数量最高，其次是苏南、苏中。比较典型的应用包括各类生产管理监控、生产自动控制、信息查询系统、农产品质量安全监管系统等。

江苏电信、江苏移动、江苏联通也成功实施了一系列农业信息化项目，比如常熟电信董浜智能农业大棚、金坛电信“碧润水芹”专业合作社信息化应用、宿迁移动“乐农”农产品综合服务平台、宿城区农业智能化系统、大丰移动水利通平台以及无锡联通天蓝地绿生态农庄传感(物联)网农业示范区等①。江苏电信公司积极推进物联网与传统农业“联姻”，用现代信息技术构筑一个个“开心农场”。在常熟市董浜镇，农户只需通过手机下达指令，就可让智能大棚内的蔬菜张开嘴巴喝到手机“送”来的清水；通过电脑或天翼 3G 手机登录平台，还可随时随地了解光照、温度、土壤墒情、蔬菜长势等信息，也可利用手机远程操控大棚里的补光灯、水管、水泵、风机等设施。据统计，智能大棚的应用使蔬菜苗成活率从过去的 40%提高到了现在的 98%以上；节水灌溉工程的实施，可以省水 30%、节电 20%，大大提升了环保系数②。中国电信常州分公司积极参与常州市农委的农产品质量安全网络监管项目的建设，承担了“常州市农产品质量安全追溯综合查询系统”的短信查询子系统和语音查询子系统的开发，同时提供项目平台所需的语音通道、短信通道和 400 号码业务③。江苏联通和大来互动网络有限公司联合研发的农作物传感(物联)网管控系统平台，通过无线网络通讯技术、物联(传感)技术、软件信息技

① 江苏省通信管理局联合省经信委开展农村信息化调研. [2012-12-20]. http://www.jsca.gov.cn/bsdt/jgzl/xxhjs/201112/t20111220_38008.html

② 迈向信息化的美好未来——中国电信江苏公司推进“智慧江苏”建设速览. [2012-12-20]. http://www. jsca.gov.cn/zxzx/xwdt/hyyw/201211/t20121108_38872.html

③ 中国电信助力创建常州农产品安全质量“五类追溯”网络监管新模式. [2012-12-20]. http://www.jsca. gov.cn/zxzx/xwdt/hyyw/201209/t20120904_38661.html

术和现代农业技术的融合，借助短信、二维码、条形码、视频监控等手段，实现了对农作物产品的来源、生产检测及运输物流的数字化管理和全过程监控，并为消费者全过程追溯农产品相关信息提供了一个高效平台，从而有效确保了农作物安全，为消费者提供安全可靠的农作物产品[①]。江苏宿迁移动与宿城区农委合作建设的区级监控中心，辐射 15 个高效农业生产基地。农户可以通过智能监控系统远程对温室大棚温度、湿度、光照以及农田环境参数进行实时监测，智能控制、调节各类设施，确保温室大棚和农田的环境参数指标符合农作物生长的需求。同时还能掌握农产品生产情况、农业自然灾害、植物病虫害、重大动物疫情、农业资源环境、农村经营管理等动态信息。省级专家也可通过网络与基地以语音方式一对一地进行交流指导[②]。

(8) 数字化农家书屋

农家书屋工程是党中央、国务院确定实施的一项公共文化惠民工程。江苏省于 2006 年 4 月开始在 8 个财政转移支付县试点建设首批 43 个农家书屋，至 2010 年在全国率先实现了农家书屋在行政村的全覆盖，累计建成农家书屋 17158 个。2011 年起全省开展数字农家书屋试点工作，已建成 1000 个数字农家书屋，另有 1000 个数字农家书屋正在建设中。近年来，省新闻出版局精心策划并组织了一批全省性的农家书屋读书活动，比如江苏农民读书节、“我的书屋，我的家”演讲活动、农家书屋读书征文、农民读书摄影大赛等，全省各地依托农家书屋开展了许多有地方特色的读书活动，比如洪泽县的农渔民读书节、盱眙县农家书屋法治文化宣传月、无锡农家书屋推出的周末影视大放送、学生夏令营活动、镇江市的“卫生保健专家进农家书屋”活动、扬州市的老干部书画进书屋活动等。农家书屋作为我省农村公共文化服务体系的

① 江苏联通：为新农村建设插上信息化之翼[N]. 新华日报, 2011-5-17(A8).

② 江苏各地移动信息化服务春耕. [2012-12-20]. http://www.gdcct.gov.cn/agritech/gdnyxxh/201204/t20120418_681448.html#text

新型平台，正逐步成为农民读书学习、陶冶情操的精神乐园和科技致富、学法普法的重要阵地，受到了广大农民群众的欢迎①。

农家书屋工程已经被列入国家和省国民经济和社会发展第十二个五年规划纲要中。“十二五”期间，我省大力推动农家书屋现代化建设，明确了出版物更新、网络化管理、功能拓展、数字化阅读和争先创优等五项指标，鼓励有条件的地区率先实现农家书屋现代化建设。2012 年江苏大力推进数字化农家书屋，引领农家书屋升级。苏州市在昆山启动了新农村数字文化建设项目，该项目已在巴城镇环湖社区、凤凰社区、东岳社区和仁和社区成功建设起数字农家书屋；无锡市建成以新区为代表的数字农家书屋建设示范区和 50 个以上基层数字书屋；徐州市策划全民阅读行动计划，发挥 310 名大学生村官担任书屋管理员的工作优势，提高书屋的数字化阅读、网络化管理和群众性文化活动开展等功能，促进提档升级；泰州市将兴化的 120 个村农家书屋升级为数字化农家书屋，并开展全市十佳农家书屋和星级农家书屋评选活动，提升农家书屋的服务水平②。

(9) 江苏文化信息资源共享工程基层服务点

全国文化信息资源共享工程是由国家文化部、财政部共同组织实施的一项重点文化创新工程，应用现代科学技术，将中华优秀文化信息资源进行数字化加工和整合，利用覆盖全国的网络化管理和服务体系，以互联网、卫星网、有线电视/数字电视网、镜像、移动存储、光盘等方式，向社会和公众提供文化信息资源服务，实现优秀文化信息资源在全国范围内的共建共享。江苏文化信息资源共享工程是全国文化共享工程的重要组成部分，在省委、省政府的关心支持下，省、市县、乡镇(社区)三级文化共享工程网络初步建成，

① 全省农家书屋基本情况. [2012-12-20]. http://www.jsxwcbj.gov.cn/m2/display?cid=14573

② 江苏今年大力推进数字化农家书屋 扫黄打非呈持续高压态势. [2012-12-20]. http://news.jschina.com.cn/system/2012/03/01/012831074.shtml

涵盖市、县(市、区)图书馆、文化馆、博物馆等基层文化单位和部分乡镇、社区综合文化活动站(室)，社会效益逐渐显现。

2. 农业信息服务利用现状

2012 年 7~9 月，江苏省农业信息中心和南京农业大学信息科学技术学院联合对江苏省内农民、农村基层组织等用户对农业信息服务的需求、各类农业信息服务的使用率与满意度等进行了抽样调查，选择苏南地区的太仓市和丹阳市，苏中地区的南通市通州区、靖江市，苏北地区的丰县、赣榆县、金湖县为调查对象，每市、县抽选 50 名以上的种养殖大户、基层合作组织、农业企业等用户，进行现场问卷和访谈调查。

调查数据统计显示，江苏省内利用率较高的农业信息平台是农业短信息服务、农业网站信息服务、乡镇村信息服务站和农业电视栏目服务，这些平台的利用率比较接近，受访者每月使用两次及以上的比例均超过 70%，其中农业短信息服务每月使用两次及以上的比例超过 80%；从受访者每月使用 5 次及以上的比例来看，农业短信息服务、农业网站服务和乡镇村信息服务站排在前三位，均超过 50%，说明超过 50%的受访者较频繁或者频繁使用这几个平台，其中农业短信息平台的利用率最高。另外，农业视频点播服务、图书馆/室、农业热线电话这几种平台的利用率相对较低，“频繁使用”的比例均不到 10%，农业视频点播服务受访者“从不使用”的比例高达 43%，农业热线电话受访者“从不使用”的比例也达到 31%。农业信息化装备和农家书屋的利用率也不高，“频繁使用”比例略高于 10%，但“较少使用”和“从不使用”比例之和也都超过 40%(表 1-8) 。

根据用户抽样调查数据，苏南、苏中地区用户对涉农网站的利用率高于苏北。苏中地区农业热线的利用率高于苏北、苏南。苏中地区用户农业短信息的利用率最高，其次是苏南，苏北最低。苏中地区用户的农业电视节目收看率高于苏南、苏北。在智能农业项目上，苏中地区的利用率高于苏南、苏北。

表 1-8 江苏省农业信息用户日常使用的农业信息平台

信息平台	频繁使用 ≥10 次/月	较频繁使用 5~9 次/月	一般使用 2~4 次/月	较少使用 ≤1 次/月	从不使用
农业网站信息服务	31.76%	20.94%	21.88%	8.94%	16.47%
农业短信息服务	32.78%	27.12%	24.29%	6.37%	9.43%
农业电话热线服务	8.27%	14.42%	24.35%	21.51%	31.44%
农业电视栏目服务	25.88%	21.65%	30.35%	11.76%	10.35%
农业视频点播服务	5.98%	11.96%	19.38%	19.38%	43.30%
乡镇村信息服务站	28.03%	23.28%	23.52%	8.08%	16.86%
农业信息化装备	11.99%	12.47%	17.51%	15.11%	42.93%
农家书屋	14.55%	15.73%	26.76%	16.43%	26.29%
图书馆/室	7.62%	12.86%	25.00%	15.48%	39.05%

表 1-9 的数据统计显示，用户使用各农业信息服务平台的满意度与该平台的利用情况有较大关联，利用率较高的平台整体满意度较高，受访者选择“非常满意”和“比较满意”的比重较大，农业网站信息服务的满意率超过了 80%，农业短信息服务和乡镇村信息服务站比较满意及非常满意的比例也接近 80%；利用率较低的平台其用户利用满意度相对低，虽然“较不满意”和“非常不满意”的选择比例也不高，两者之和都不超过 10%，但选择“一般满意”的比例较高，农业视频点播服务和图书馆的“一般满意”比例都超过 40%，说明受访者对这些平台提供的服务虽没有很明显的不满情绪，但是评价也不高。农业信息化装备的使用率还不高，但在满意度方面属于中等水平，比较满意及以上的比例达 60%以上。

调查数据(图 1-1)显示，农村用户日常使用的农业信息内容主要是农业新闻、农业政策和种植业信息，用户的选择比例都在 65%左右，远远高于其他农业信息内容的使用比例。在农业生产信息中，种植业信息的使用率远超畜禽养殖业和水产养殖业信息。农产品市场与流通信息也是江苏省农业信息用户较常使用的信息内容，受访者选择比例达 55%，超过半数的受访者在农产品生产经营过程中经常使用到农产品的价格、供求及销售等方面的信息；接

表 1-9 江苏省农业信息用户对信息平台服务的满意度

信息平台	非常满意	比较满意	一般	较不满意	非常不满意
农业网站信息服务	41.24%	40.40%	14.97%	3.39%	0.00%
农业短信息服务	44.94%	34.81%	16.62%	3.12%	0.52%
农业电话热线服务	22.82%	35.23%	33.22%	6.38%	2.35%
农业电视栏目服务	34.55%	38.48%	24.08%	2.09%	0.79%
农业视频点播服务	13.11%	38.93%	41.80%	5.74%	0.41%
乡镇村信息服务站	43.30%	35.61%	18.23%	1.42%	1.42%
农业信息化装备	23.41%	38.89%	32.54%	3.57%	1.19%
农家书屋	23.00%	40.58%	30.03%	5.11%	1.28%
图书馆/室	16.60%	38.87%	40.38%	2.64%	1.51%

近三分之一的受访者表示农产品安全和追溯信息是主要使用的信息内容之一，而农村电子商务信息的利用比例只有 11%。

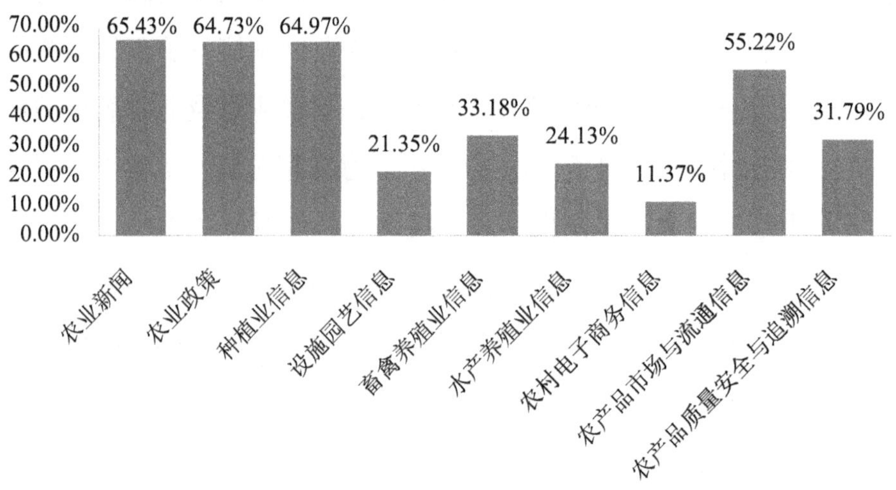

图 1-1　江苏省农业信息用户日常使用的农业信息内容

调查数据(图 1-2)显示，江苏省农业信息用户日常使用的农业信息内容最主要来自于乡镇农业信息服务站，选择比例近 72%，当地政府、省市县农业信息中心的选择比例分别为 58%和 56.84%，农业科技部门的选择比例达 51.51%，说明当地政府、省市县农业信息中心、农业科技部门也是江苏省农业信息用户日常使用信息的主要来源机构。高校、农家书屋、农业信息服务企业的选择比例则较低，说明这些机构或平台提供的信息被用户使用或采纳的比例较低。

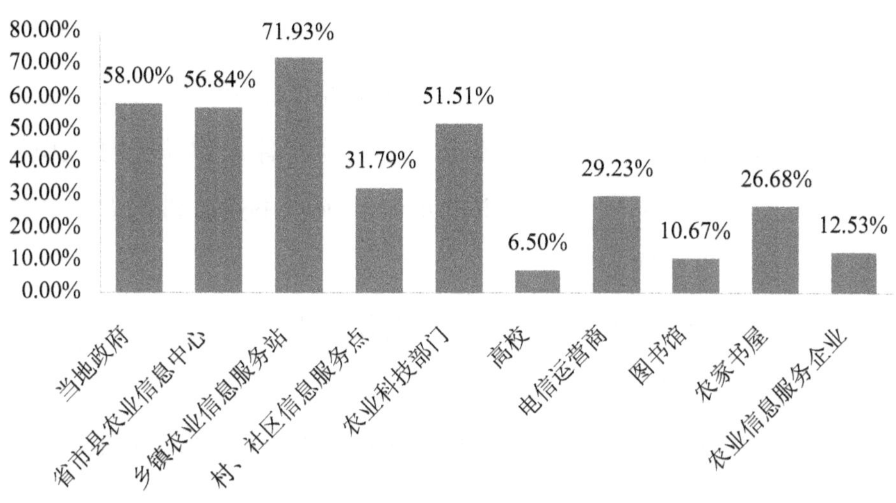

图 1-2　江苏省农业信息用户日常使用的农业信息内容来源

四、2012 年江苏省农业信息服务体系发展现状

我国农业信息化的建设原则是以政府农村部门为主，各类社会机构参与，共同建设农业信息服务体系。目前，我省已经形成由省农委等政府部门、高校、科研院所、文化部门、电信运营商、农业企业等共同参与建设的农业信息服务体系。

1. 江苏省农业信息中心

江苏省农业信息中心是省农委下属职能部门，负责推进全省农业信息化，规划及实施全省农业信息体系建设，推广应用农业信息技术，搜集、整理、分析、预测、发布农业信息，为江苏省农业发展提供信息服务。2012 年，江苏省农业信息中心在《江苏省农业信息服务全覆盖工程建设规划(2011~2015 年)》的指导下，积极组织、开展农业信息化项目建设与推进，主持召开了一系列会议，进行全省农业信息化项目的建设部署、技术培训、建设进度督查、各地建设经验交流，同时建立了一系列项目或平台管理办法；2012 年年底，根据省政府的要求，江苏省农业信息中心对各市、县农业信息化健全率和覆盖率的水平进行了考核。

2012 年 2 月 10 日，江苏省农业信息中心组织召开“一点通”农业信息服务平台项目建设工作会议，会议要求各市县项目建设单位充分认识做好项目建设的重要意义，按照项目申报书的承诺和项目下达文件的要求，抓好项目建设各环节的工作落实。

2012 年 3 月 8 日，全省农业信息工作会议在南京召开，各市就 2011 年农业信息化工作及 2012 年工作安排作了交流。江苏省农业信息中心就今年的农业信息重点工作提出了要求，省农委徐惠中副主任出席会议并讲话。徐主任指出，要切实加强村级综合信息服务、新型农业信息服务平台建设，加强现代信息技术应用，加强农产品网上营销、农民网络科技培训、信息资源建设工作，大力提升我省农业生产经营信息化水平；要切实加强队伍建设，加大宣传力度，积极争取领导重视，增加资金投入，要大力组织信息技术培训，做好农业信息化工作考核，确保 2012 年农业信息化各项工作取得实实在在的成效。

2012 年 4 月初，江苏省农业信息中心主持召开全省农业信息服务平台项目建设工作会议，对所有“一点通”项目县进行设备安装、信息采集等培训。

2012 年 7 月 19 日，江苏省农业信息中心主持召开 2012 年农业信息服务全覆盖工程项目建设工作会议，组织村综合信息服务站、“12316”三农热线工作站、视频监控系统等项目建设的先进经验交流、技术培训，对全省农业信息服务全覆盖工程项目的建设进行指导。

2012 年 9 月 5 日，江苏省农业信息中心主持召开“村综合信息服务平台”等项目信息资源建设培训班。

2012 年 10 月 18 日，江苏省农业信息中心召开全省农业信息技术应用项目建设工作会议，省农委副主任徐惠中出席会议并作重要讲话。徐惠中副主任指出，要加快发展智能农业，积极发展精准农业，加强远程视频系统建设，加快农产品追溯系统建设。

2012 年 11 月 2 日，江苏省农业信息中心举办农业信息技能培训班，对来自全省 11 个县(市、区)的农业企业、农民专业合作组织、农产品行业协会成员及种养大户等学员进行培训。

2012 年 11 月 9 日，江苏省信息中心召开“村综合信息服务平台”项目建设工作会议，部署了“村综合信息服务平台”项目建设、运行具体工作，明确项目建设的工作目标和工作措施。会上还进行了平台软件应用技术培训。

为了加强对全省农业信息化项目建设的管理，江苏省农业信息中心先后出台了一系列管理办法。在 2012 年 7 月 19 日会议上，江苏省农业信息中心出台了《2012 年农业信息服务全覆盖工程项目建设标准与绩效考核指标》，包括《2012 年度远程视频监控系统项目建设标准与绩效考核指标》、《2012 年度“12316”三农热线工作站项目建设标准与绩效考核指标》、《“12316”三农热线服务制度》、“2012 年度村综合信息服务站项目项目建设标准与绩效考核指标”、《江苏省村综合信息服务站管理办法(试行) 》等。在 2012 年 9 月 5 日的培训班上，出台了《“12316”惠农短信工作要求》、《江苏省 “12316”惠农短信平台管理办法(试行) 》。

乡镇或区域农业公共服务体系健全率与新型农业信息服务覆盖率是《江苏基本实现现代化指标体系(试行)》中“现代农业发展水平”的重要组成部分。乡镇或区域农业信息服务体系健全率是指农业信息服务达到“六有”标准的乡镇数量占本地区乡镇总数的比重，农业信息服务“六有”标准为有专门服务机构、有上网设备、有热线电话、有农业网站、有服务制度、有信息发布栏等。新型农业信息化服务覆盖率是指通过包括省级农业网、为农服务网、优质农产品营销网、短信系统、视频系统、电视点播系统等“三网三系统”，市县电脑网站、“12316”三农服务热线、短信等“二电一信”服务方式，镇村“信息服务站点”等服务平台和载体，对全年提供 50 次及以上信息服务的农业市场主体数量占全部农业市场主体数量的比例。2012 年 12 月下旬，江苏省农业信息中心组织对全省各县(市、区)区域内农业信息用户进行了抽样调查。

2. 市、县农业信息中心

根据江苏省内各市、县(市、区)农委信息职能部门的数据，江苏省 13 个市都建有市级、县(市、区)级信息职能部门，主要信息服务职能包括发布农业信息、建设与管理信息服务平台、加工处理信息、推广信息技术、信息咨询、决策支持等。

江苏省内各市、县(市、区)级信息职能部门的信息技术条件比较完善。开展服务所使用的网络以互联网、电信网为主，以广播电视网络为辅；各级信息服务组织的主要信息装备中，人均水平达手机 0.74 部、台式电脑 1 部、电话 0.6 部、笔记本电脑 0.28 部。78%的市、县(市、区)信息职能部门都有服务热线，56%的市、县(市、区)信息职能部门在其主要服务点上有服务电视机/大屏幕，69%的市、县(市、区)信息职能部门在其主要服务点及下属乡镇、村有信息发布栏。

江苏省内部分市、县(市、区)级信息职能部门制定发布了农业信息服务相关政策，比如苏州市昆山市、无锡市江阴市、南京市六合区、镇江市润州区、泰州市兴化市、淮安市淮安区、金湖县、涟水县、宿迁市沭阳县、宿豫区、泗阳县等。

江苏省内各市、县(市、区)级信息职能部门的队伍由专职、兼职人员组成，专职人员每部门平均 3 人，专、兼职人员比例约为 1∶10，主要学历为大专、本科，66%的部门安排人才培训/进修。苏南地区各市、县(市、区)级信息职能部门的队伍的学历层次高于苏中、苏北。

江苏省内各市、县(市、区)级信息职能部门的资金来源主要是财政拨款，80%左右的部门的资金来源为财政拨款，其余约 20%的部门自筹经费；各地区信息职能部门的年经费总额平均约为 13 万，但各地区经费差异较大，最低的年度经费只有 0.5 万，最高的达 300 万。苏南地区信息职能部门的年平均经费总额高于苏中、苏北。

江苏省内各市、县(市、区)级信息职能部门归属于当地政府的农业委员会。为了做好农业信息服务，各地农委制定了一系列管理制度和考核、奖惩制度，比如南京市、六合区、苏州昆山市、常州市武进区、溧阳市、南通市、如东县、海安县、扬州市、江都区、淮安市、洪泽县、连云港市连云区、宿迁市、宿城区、泗洪县、徐州市丰县、沛县、新沂市等。此外，一些市、县农业信息职能部门还与本地政府信息中心、发改委、经信委、公安局、气象局、电信运营商、电视台、电台等其他信息机构建立了联系与沟通、协同关系。

3. 乡镇农业信息服务站

根据江苏省农业信息中心 2012 年 3 月的统计数据，2011 年江苏省乡镇或区域农业信息化服务体系健全率为 91.78%，说明全省绝大部分乡镇或区域的农业信息服务达到了“六有”标准(有专门服务机构、有上网设备、有热线电话、有农业网站、有服务制度、有信息发布栏等)。苏南、苏中地区乡镇或区域农业信息化服务体系健全率明显高于苏北。

4. 其他涉农信息机构

江苏省科技厅自 2009 年正式启动“江苏农村科技服务超市”建设工作。江苏农村科技服务超市以有店面、有队伍、有网络、有基地、有成果、有品牌等“六有”为主要模式，以有形与无形产品为商品，构建政府引导与市场机制相结合、信息流与技术流相结合、网络服务与专家服务相结合、日常服务与专题服务相结合、咨询服务与培训服务相结合的新型科技服务体系，建设以总店为协调指导、分店为服务龙头、便利店为服务主体的三级科技服务网络。目前，在全省按地区产业需求建设总店 1 家，分店 67 家，便利店 147

家，每个县市 1 家分店带 2～3 家便利店。总店由省科技厅统筹负责与指导，省生产力促进中心和省农科院具体承建。总店负责制定全省科技超市三级网络建设的总体规划、标准制定、组织协调、运行管理、检查考核、发展模式及机制研究、年度工作计划并组织实施。2012 年 11 月 28 日，江苏农村科技服务超市总店正式开业，这标志着包括总店、分店和便利店三级网络的农村科技超市服务体系在江苏省已初步建成。农村科技服务超市总店占地面积 5000 平方米，设有农业科技成果、农资新产品和优质品牌农产品三个展示区，与省内各超市分店和便利店通过互联网相连，开展专家咨询与培训等服务。分店、便利店建在各地的现代农业科技园区、农业科技型企业、科技型农业合作社、农业专业大户等地。参照商品超市管理建设模式，统一建设标准(形象统一、运行模式统一、服务标准统一、服务质量统一)，规范店容、店貌、店规，配套示范基地，并设有成果展示区、成果交易区、技术咨询区、信息发布区、培训区、科技特派员工作室等。通过整合优化省内涉农科研院所科技人才资源，分别组建总店、分店、便利店三级专家服务团队，管理上由总店面向全省公开征集专家成员，制定相关专家团队管理办法，设立年度服务质量考核标准及奖励机制等，确保科技超市专家队伍的长期性、稳定性。配备经过岗前专职培训的工作人员和技术人员，设定每日服务内容，并定期开展科技培训和新技术、新产品推广等服务，便利店及时收集农户需求与难题信息，及时与总店、分店沟通，快速有效地解决农户生产实践中遇到的问题。筛选推广应用技术成果，运用报纸、江苏农村科技服务超市网等媒体提供“三农”政策、成果技术、专家服务团、科技特派员、咨询平台、供需信息、服务基地、超市万村行等信息服务，结合各类农业科技园区、龙头企业开展多形式、多层次的科技服务活动(李娜等，2012)①，截至 2012 年 12 月，江苏省农村科技服务超市驻店科技特派员 2000 多名，已转化应用成果 593 项，组织

---

① 科技服务超市简介. [2012-12-20]. http://www.jskjcs.com/sfshop/ShowArticle.asp?ArticleID=25

咨询培训活动 3300 多场次，服务 200 多万人次[①]。

江苏省农家书屋管理规范有序。在制定规章制度方面，省新闻出版局会同省委宣传部、省财政厅等相关省级部门，组成江苏省农家书香工程指导委员会，下发了《江苏农家书香工程实施意见》，制定了《江苏农家书屋“十一五”时期建设规划》，编制了 4 版《江苏省农家书屋工程重点出版物推荐目录》，制定了《江苏省省补助农家书屋建设实施方案》和《江苏省农家书屋工程验收督查实施方案》，同时指导各地结合实际制定当地的农家书屋管理办法。在规范资金使用方面，“十一五”期间，全省各级财政投入农家书屋资金约 2.13 亿元，其中省级财政 0.87 亿元，社会各界定向捐赠农家书屋的款物折合人民币 0.46 亿元。为规范资金使用，省新闻出版局组织力量对全省各县(市、区)农家书屋验收督查，实地抽查验收了近 2000 家书屋，起到了很好的督促工作、纠正问题的效果，并将督查情况作为下年度省级财政下达农家书屋专项资金的依据。2010 年年底联合省财政厅，委托会计师事务所对 44 个财政转移支付县的农家书屋工程开展绩效评价，取得了很好的效果，也开创了委托第三方对农家书屋进行评价的先河。在加强管理员队伍建设方面，省新闻出版局按照“统筹安排、分级培训、覆盖全部、取得实效”的原则，对所有农家书屋的管理员分期分批进行全面培训，支持老党员、老村干部、老教师和大学生村官成为书屋管理员。依托江苏省农家书屋工程网络化管理系统，加强对各地出版物更新和各个农家书屋借阅情况的管理。2012 年全省有 15 个农家书屋被新闻出版总署命名为“全国示范农家书屋”，有 15 名管理员被表彰为“全国优秀农家书屋管理员”。在规范日常管理方面，利用全国农家书屋工程信息管理系统对农家书屋在线动态管理，点对点地记录每个农家书屋的基本信息，系统数据库涵盖全省所有已建农家书屋。各地在农家书屋运行管理中，

① 江苏农村科技服务超市建成 石泰峰出席开业仪式. [2012-12-20]. http://www.jskjcs.com/Article/ShowArticle.asp?ArticleID=56979

结合实际探索出了多种富有可操作性的管理手段，如将农家书屋与县图书馆图书资源联网管理，实现通借通还；聘用大学生村官担任书屋管理员，优化书屋日常管理；定期对已建农家书屋进行回访，检查督促农家书屋正常开放等。无锡惠山区充分发挥区图书馆的作用，书屋管理员由区图书馆统一培训、统一管理，图书全区统配，实现了区图书馆和农家书屋借书“一卡通”，既增强了书屋管理的规范化，又大大提高了图书的利用率；张家港市率先建立了农家书屋出版物流转中心，使得全市农家书屋的图书“互通”①。

目前，江苏省文化共享工程建成了 1 个文化共享工程省级分中心(南京图书馆)、90 个文化信息资源共享工程支中心、1089 个基层服务点，共向经济薄弱地区农村送图书 440 万册，送戏 1.7 万场，送电影 76 万场②。

有些农村地区将不同系统的农村信息服务点加以整合，比如苏州吴江市将乡村的农家书屋、全国文化信息资源共享工程基层服务点、党员现代远程教育中心、乡村图书室进行资源整合，形成“四位一体”的农村综合信息服务中心③。

五、江苏省农业信息化发展存在的问题与发展方向

1. 江苏省农业信息化发展存在的问题

纵观江苏省农业信息化的发展，2012 年以来，江苏省各地面向“三农”实际，深入推进信息化建设，不断整合资源，创新模式，大力推进农业信息化进程，在信息化基础设施建设、信息资源建设、信息服务体系建设等方面取得了显著成效。与此同时，江苏省农业信息化发展也存在很多不足，主要

---

① 全省农家书屋基本情况. [2012-12-20]. http://www.jsxwcbj.gov.cn/m2/display?cid=14573

② 江苏省文化信息资源共享工程工作简报. [2012-12-20]. http://www.jsgxgc.org.cn/jscnt_gxgc/jsgxgcw_ gxgcgzjb/201209/P020120926580620236194.pdf

③ 农村信息化建设步入快车道 “四位一体”试点暨图书流动车今天启动. [2012-12-20]. http://www.wyol.com.cn/html/2011/wujiang_0708/7464.html

体现在：

(1) 江苏省农村地区的信息基础设施发展虽然领先于国内其他地区，但与城镇地区相比还有很大的差距。固定通信、移动通信、有线电视尚未完全普及，农村网民规模较小，农民家庭电脑拥有率较低，江苏省农村地区的信息基础设施还有很大的发展空间。

(2) 江苏省涉农网站已经初步形成服务网络体系，具有一定的规模，但不同系统、不同地区的涉农网站发展极不均衡，基层乡镇的农业网站尚未普及。不少涉农网站并没有形成足够的影响力，存在着信息功能单调、信息更新慢、缺乏导航和检索、缺乏交互性服务等问题，导致网站实用性和易用性不足。

(3) 农业短信息服务很受农村用户欢迎，但现有用户规模偏小，用户覆盖率较低，服务内容也需要进一步优化，缺乏针对性、即时性的信息服务。

(4) 农业热线尚未普及，已有农业热线服务推广不够，用户利用率不高，专家人工咨询服务的优势并没有得到应有的发挥。

(5) 村综合信息平台尚处于试点阶段，普及程度较低，相应的服务和管理也在摸索中。

(6) 尽管高新信息技术在我省农业生产经营上的探索应用起步较早，但总体看，全省智能农业的发展处于试点、示范阶段，关键产品设备及集成体系成熟度较低，大面积推广应用难度较大。在信息传感方面，用于农业生产环境、作(动)物生长因子的数据采集、环境监测的传感设备种类不够多、功能不够全、灵敏度不够高，还需要进一步向小型化、精确化、灵敏化发展；在智能化决策支持方面，农作物、畜禽适宜生长数字化模型大多没有建立，使计算机分析控制缺乏参照，控制系统的技术参数单一，综合性智能化管理水平不够高；在自动化控制设备方面，能够支持智能决策，对水、气、温、光、肥等环境因素远程调控的设备自动化程度还不够高。

(7) 总体上看，优质的农业信息资源还很缺乏。而且，由于目前农业信息化建设中技术和管理等的局限，对农业信息资源的整合不足，不同农业信息服务平台上的内容难以共享。

(8) 大部分农村用户信息素养还不高，信息化意识和利用信息的能力不强。特别是许多农村青年外出务工，在家从事农业生产的多是年龄偏大、文化程度相对较低的农民，除了少部分涉农企业、农村合作经济组织、经纪人外，大部分农民还不知道如何使用电脑获得农业信息、分析信息、利用信息。虽然开展了相关培训，但广大农民主动利用有价值农业信息的能力还有待提高。

(9) 一些信息服务机构和平台的信息内容与农村用户的需求脱节，一些政府部门和社会服务机构信息服务主动性不够，服务方式比较单一。

(10) 江苏省已经形成由省农委等政府部门、高校、科研院所、文化部门、电信运营商、农业企业等共同参与建设的农业信息服务体系，但江苏省乡镇或区域农业信息化服务体系健全率还有待提高，同时，高校、科研院所、电信运营商和涉农企业开展农业信息服务的作用也有待进一步发挥。

(11) 现有农业信息人员总量相对较少，高层次的信息人才紧缺，而且信息人才也分布不均，基层农业信息员队伍不够稳定，兼职人员过多。

(12) 苏南、苏中、苏北地区农业信息化发展不平衡，缺乏区域协调发展。

2. 江苏省农业信息化的发展方向

中央和江苏省委、省政府高度重视农业信息化的发展。国务院印发的《全国现代农业发展规划(2011~2015 年)》(国发〔2012〕4 号)将农业信息化工程列为十四个重大工程之一，要求建设一批农业生产经营信息化示范基地，建立网络化信息服务支持系统，开展农业物联网应用示范。农业部《全国农业农村信息化发展“十二五”规划》提出，“十二五”时期农业农村信息化发展的五大主要任务是夯实农业农村信息化基础、加快信息技术武装现代农业步伐、助力农业产业化经营跨越式发展、推进农业政务管理迈上新台阶、开创农业信息服务新局面。2011 年年底，江苏省推进农村信息化现场会对“十二五”农村信息化工作进行了部署，“十二五”期间，江苏省将着重抓好四项重点任务：大力推动信息技术改造传统农业、大力推动信息化促进农民创业、大力推动农村社会服务信息化、大力推动农民提高信息应用能力。

农业信息化是一项系统工程，需要全省各级政府农村部门和各类社会机构共同努力，常抓不懈。今后江苏省农业信息化需要继续推进的工作包括：

(1) 各级政府农村部门和电信运营商协同继续推进农业信息化基础设施建设，逐步实现全省农村“新三通”(农村行政村通光缆、自然村通宽带和有线)全面覆盖；不断更新和完善现有的农业信息网络设施装备；同时，政府可以进一步通过“家电下乡补贴政策”等优惠措施促进农民用户购买手机、电脑等信息化终端，提高新型信息终端的普及率；电信运营商应针对农村用户给予适当的扶持与优惠，降低农村用户利用通信、上网等信息服务的成本。

(2) 江苏省现有的新型农业信息服务平台建设数量不够多、质量不够高，政府农业部门和各类社会机构应加快实施农业信息服务全覆盖工程，逐步普及涉农网站、惠农短信息服务、三农热线、村综合服务平台等新型农业信息服务平台。

一是加强江苏农业网、江苏为农服务网等综合性网站和各种特色农业网站的建设，以文字、音频、视频等多媒体形式，推广农业新品种、新技术，实现即时信息发布、远程实时咨询、病虫害远程诊断、网络远程培训等，行政村逐步实现通过互联网提供信息公开和互动服务。二是加强惠农短信系统的建设和推广，不断提高短信息服务的用户覆盖率，建立完善信息发送制度，不断提高短信息内容的针对性、实用性，完善专家信息咨询功能，进一步提高短信服务的管理水平。三是加强“12316” 等三农服务热线的建设和推广，提高热线的利用率，强化电话直接咨询功能，特别是专家在线咨询服务功能。四是推进村综合服务平台(农业信息触摸屏自助服务系统)建设，逐步实现在全省所有行政村的广覆盖，农村用户通过自助查询终端机在线查询各类农业信息，通过 IP 电话和摄像头与异地农业专家在线交流、点播视频课件等。

(3) 江苏省的智能农业还处在起步阶段，还未能较好适应现代农业建设的发展需要，应大力发展智能农业、精准农业，加强远程视频系统和农产品质量追溯系统建设，促进农业现代化建设。

一要加快发展智能农业，围绕现代高效农业发展，加快物联网技术在畜禽养殖、温室大棚、水产养殖、露地作物等领域的应用，实现动植物生长环境控制智能化、生产操作自动化。通过农业物联网决策指挥系统平台实时观察接入系统的温室大棚、生产基地或规模养殖场的运行情况，了解作物、家禽、家畜的生长情况，通过智能视频分析系统和传感数据，结合已有生长模型及专家系统，对规模养殖场进行远程智能控制。形成农业物联网技术应用系统感知层技术、网络层技术、应用层技术的集成体系，建立相应的技术标准体系和规范，为农业物联网技术产品研发和应用中对标准采用提供技术支撑。推进农业信息技术和生物技术的有机结合，开发应用设施农业生产信息技术，提高设施农业自动化、智能化水平。二要积极发展精准农业，充分发挥高等院校、科研院所的优势，积极开发推广“3S”技术、农业模型、专家系统、决策系统技术，加强主要农作物、区域特色农产品、林木管护、农机作业、农业资源开发等数字化管理系统及专家系统的示范应用，实现农业可持续发展。三要加强远程视频系统建设，逐步建成覆盖乡镇、延伸到村的远程视频系统，实时掌握农产品生长发育、农业自然灾害、植物病虫害、重大动物疫情、农业资源环境、农村经营管理等动态信息，为农业生产决策提供科学依据。四要加快农产品追溯系统建设，积极探索建立农产品质量安全信息数据库，依托信息存储技术，集成应用电子标签、条码、传感器、移动通信网络和计算机网络等技术，构建智能化的农产品质量安全追溯系统，实现农产品质量全程跟踪、溯源和可视化、数字化管理，有效地控制产品质量安全问题。

(4) 大力发展农业电子商务，加快农产品批发市场信息化进程，促进农产品网上营销，逐步建成覆盖全省的农业电子商务服务体系。进一步完善“江苏优质农产品营销网”作为省级农业电子商务平台的服务功能，特别是产品推介、交易洽谈、网上订购、网上支付等功能，积极引导各种农业市场主体利用“江苏优质农产品营销网”开展电子商务。同时，积极组织农业经营主体在知名电子商务网站开展网络营销店，扶持、引导各类市场主体建设特色农产品营销网站，推进网上市场建设，探索网络营销运行机制。

(5) 基于农村用户的信息需求与信息行为特征，开发优质农业信息资源，不断改进信息服务策略。深入基层调查农村用户对农业信息服务的真实需求与急迫需求，针对农村用户的需求优化农业信息内容的提供，包括农业新品种、农业新技术、农业新闻、新政策、市场信息等农业生产经营信息，有针对性地提供信息，改进农村信息供给服务。围绕江苏省农业工作热点、重点，加快建设各类农业数据库管理系统，规范信息采集标准，加强信息资源采集，开展信息交换与共享。区别普通农户与种养大户、农业经纪人、专业合作组织、农业企业的信息需求：普通农户的信息利用意识、技能低，对农业信息服务的需求不足，要对不同农业用户分类服务，重点面向农村的种养大户、合作组织、农业企业、农业经纪人、农技员，通过他们带动普通农户。基于农村用户的信息行为特征，充分运用电视、报纸、现场服务等传统手段为农村用户提供农业信息服务，及时运用各种新型农业信息平台，利用多媒体技术、农业网站、短信息、热线、农业信息化设备等拓展新型信息服务，融传统媒介与数字新媒体于一体，提高新型信息平台的易用性，改进农业信息传播服务。努力提高农业信息的针对性、时效性，根据农业生产过程中不同阶段不同层次的信息需求、行业需求、具体经营需求、问题解决需求等有针对性地提供信息服务。不断创新农业信息服务推广方式，充分利用电视、电台、公共场所等宣传推广农村信息服务；基于社区组织开展现场主题活动，建设社区信息平台，面对面定期推广信息服务；利用种养殖大户、专业合作社、农业企业等典型示范，辐射、带动普通农户形成利用信息的习惯；及时利用新媒体，以热线、网站、远程视频、即时信息等信息手段推广农村信息服务。

及时更新信息，开展用户互动，拓展用户自助式服务，根据农村用户的反馈，不断调整、优化信息服务内容。主动推送信息服务，分主题、按农业生产经营时节组织主题信息活动，通过各种媒介主动提供信息服务。创造条件，提升农村用户的信息素养与技能。各级地方政府应该鼓励相关部门多形式开展农村文化教育和信息技能培训，加强农业信息化培训服务力量，逐步提升农村用户的信息应用能力。

(6) 不断完善农村信息服务体系，探索信息服务长效机制。各地政府农业部门要根据《江苏省农业信息服务全覆盖工程建设规划(2011~2015 年)》和本地区农业信息化“十二五” 建设规划，有序推进农业信息化发展，促进全省联建共享。根据本地农业信息化的发展目标与任务，出台相应的扶持政策，加强组织协调，加大资金投入力度，强化目标考核，扎实推进农业信息化建设。同时鼓励农业高等院校、科研单位、有实力的 IT 企业、通信运营商、各类涉农企业等投入农业信息服务，形成政府主导、各类市场主体积极参与的多元化信息服务投入新格局。加快建设农业信息化专业人才队伍，努力培养一批理论与实践相结合、农业与电子相结合的复合型人才。加大基层农业信息人员培训力度，建立在职培训与进修制度。在农业市场主体中积极发展农村信息员，加强培训指导，提高服务能力。

参 考 文 献

李道亮. 2008. 中国农村信息化报告(2008)[M]. 北京：中国农业科学技术出版社.
李娜等. 2012. 简析江苏农村科技服务超市建设现状[J]. 农业科技管理, (1): 62-65.
赵霞等. 2011. 江苏省农业信息化现状分析及趋势展望[J]. 中国农业信息, (8): 11-13.

第二章　苏南、苏中、苏北专题评述

本章根据2012年10月江苏省内各市、县(市、区)农委信息职能部门填报的数据和2012年7~9月江苏省农业信息中心与南京农业大学信息科学技术学院联合对江苏省内农民、农村基层组织等用户的抽样调查数据，对苏南、苏中、苏北地区农业信息化的发展进行评述。

一、苏南地区农业信息化发展现状

1. 农业信息资源建设

(1) 涉农网站建设

苏南地区各市、县(市、区)级信息职能部门中，94%的部门都建有涉农网站，其中88%的部门是自行建设网站，9%的部门是与其他部门合作建设网站。各地涉农网站的主要服务内容有种植业信息、畜禽养殖信息、市场信息、水产养殖信息、设施园艺信息、政策信息等，还有一些特色服务内容，比如溧阳的“名优农产品展厅”、镇江市的“网络招商”、丹阳的“网上村委会”等。82%的部门自行建设涉农网站的内容，24%的部门通过合作机构提供网站内容，9%的部门通过上级机构提供网站内容，65%的部门每天更新网站内容。

(2) 农业热线建设

苏南地区各市、县(市、区)级信息职能部门中，53%的部门建有农业热线，其中，42%的部门自行建设热线，32%的部门采用省、市级热线平台，26%的部门与其他机构合作建设热线。各地农业热线的主要服务内容有政策信息、种植业信息、畜禽养殖信息、水产养殖信息、设施园艺信息、市场信息、农产品质量、咨询等。84%的部门自行建设热线内容，根据需要按天、周、不定期进行更新。热线服务分自动语音和人工咨询，以人工咨询为主。

(3) 农业短信息建设

苏南地区各市、县(市、区)级信息职能部门中，69%的部门建有农业短信息平台，其中，48%的部门采用省、市级短信息平台，32%的部门自行建设短信息平台，20%的部门与其他机构合作建设短信息平台。各地短信息平台的主要服务内容有种植业信息、水产养殖信息、设施园艺信息、畜禽养殖信息、气象信息、灾害预警、政策信息、市场行情等。76%的部门自行采编发布短信息，也有一些部门从上级信息机构和相关合作机构获取短信息内容，主要通过短信息推送进行服务，根据农业生产需要即时发布。

(4) 农业电视建设

苏南地区各市、县(市、区)级信息职能部门中，53%的部门开设了农业电视栏目，其中，63%的部门与县(市、区)电视台合作开办农业节目，37%的部门与市级电视台合作开办农业节目。各地农业电视节目的主要服务内容有农业技术信息、致富典型、农业新闻、法律信息、政策信息等。电视节目主要由信息部门和电视台合作拍摄，一般安排每周固定时间播出。

(5) 农业广播电台建设

苏南地区各市、县(市、区)级信息职能部门中，42%的部门开设了农业广播电台栏目，其中，73%的部门与县(市、区)广播电台合作开办农业节目，27%的部门与市级广播电台合作开办农业节目。各地农业广播电台节目的主要内容有农业技术信息、农业新闻动态、致富典型、政策法规、专家咨询、市场行情等。87%的信息部门自行录制节目内容，其余部门与广播电台合作录制节目内容，每天或每周固定时间段播出。

(6) 智能农业建设

苏南地区各市、县(市、区)平均每县(市、区)建设有智能农业点 3 个以上，其中南京市建有 81 个智能农业点，居于领先地位。比较典型的应用包括各类生产管理监控、生产自动控制、信息查询系统、农产品质量安全监管系统。

2. 农业信息服务利用

2012 年 7~9 月，江苏省农业信息中心和南京农业大学信息科学技术学院联合对苏南地区的太仓市和丹阳市的农民、农村基层组织等用户对农业信息服务的需求、各类农业信息服务的使用率与满意度等进行了抽样调查，每市、县抽选 50 名以上的种养殖大户、基层合作组织、农业企业等用户，进行现场问卷和访谈调查。

调查数据显示，苏南地区利用率最高的农业信息平台是农业短信息、农业网站和乡镇信息服务站点，农业电视栏目服务的利用率也相对比较高。农业短信息服务的最大优点是可以实现双向互动并建立“点对点”的服务，对农村用户而言比较方便快捷，在苏南地区的利用率最高，近 70%的受访人员表示每月使用 5 次以上，三分之一的受访者每月使用超过 10 次。农业网站的利用率排在第二位，省市级农业网站的信息栏目较多，涉及农业技术信息、农业政策信息、农业新闻等，信息内容比较全面，苏南地区近 50%的受访者表示较频繁使用农业网站，但是值得注意的是 18.05%的受访者从未使用过农业网站服务。乡镇社区信息服务站、农业电视栏目服务的利用情况较为平均，利用比较频繁的和不怎么利用的受访者比例比较接近；相对而言，农业热线电话服务、农业视频点播服务、图书馆/室的利用较少，频繁使用的受访者比例均不超过 5%，从不使用的比例却超过 40%，图书馆/室甚至高达 51%。农业信息化装备的利用出现两头高的现象，频繁使用的比例近 20%，但从不使用的受访者也高达 46.56%(详见表 2-1)。

表 2-1　苏南地区农业信息用户日常使用的农业信息平台

农业信息平台	频繁使用 ≥10 次/月	较频繁使用 5~9 次/月	一般使用 2~4 次/月	较少使用 ≤1 次/月	从不使用
农业网站信息服务	33.08%	16.54%	23.31%	9.02%	18.05%
农业短信息服务	34.59%	34.59%	17.29%	4.51%	9.02%
农业电话热线服务	2.99%	11.94%	21.64%	21.64%	41.79%
农业电视栏目服务	24.81%	21.05%	29.32%	15.79%	9.02%
农业视频点播服务	3.79%	11.36%	14.39%	23.48%	46.97%
乡镇村信息服务站	23.48%	22.73%	26.52%	11.36%	15.91%
农业信息化装备	19.85%	12.21%	6.87%	14.50%	46.56%
农家书屋	7.58%	10.61%	20.45%	21.21%	40.15%
图书馆/室	4.55%	11.36%	19.70%	12.88%	51.52%

表 2-2 是选择“一般使用”、“较频繁使用”、“频繁使用”的用户对相应服务的满意度调查数据。在所有的服务平台当中，用户对农业短信服务的满意度最高，其中“非常满意”的受访者比例接 50%，“比较满意”和“非常满意”的比例之和达到 80%。农业网站信息服务、乡镇村信息服务站的满意度也比较高，“非常满意”和“比较满意”的比例均在 35%左右，两者之和超过 70%；农业信息化装备“非常满意”和“比较满意”比例之和超过 50%，只有 1.41%的受访者表示“较不满意”。农家书屋、图书室、农业热线电话等服务平台的满意度情况较为相似，“非常满意”的比例明显偏低，只有 10%左右，接近半数的受访者对这些信息平台的满意度为一般；农业视频点播服务“非常满意”的比例最低，不到 5%。

苏南地区农村用户日常使用的农业信息内容主要是农业新闻和农业政策信息，两者的比例均接近 70%；其次是农产品市场与流通信息，接近 60%；对于农业技术信息的利用，由于受访者从事的具体生产领域有所不同，农业技术信息内容利用率相对比较分散，设施园艺、畜禽养殖业和水产养殖业信

表 2-2　苏南地区农业信息用户对信息平台服务的满意度

农业信息平台	非常满意	比较满意	一般	较不满意	非常不满意
农业网站服务	35.78%	36.70%	22.94%	4.59%	0.00%
农业短信服务	47.93%	33.88%	14.88%	3.31%	0.00%
农业热线服务	10.26%	41.03%	39.74%	8.97%	0.00%
农业电视栏目	29.75%	35.54%	32.23%	1.65%	0.83%
农业视频点播	4.29%	40.00%	48.57%	7.14%	0.00%
乡镇村信息服务站	34.23%	36.94%	26.13%	1.80%	0.90%
农业信息化装备	23.94%	33.80%	40.85%	1.41%	0.00%
农家书屋	10.00%	35.00%	42.50%	12.50%	0.00%
图书馆/室	10.77%	33.85%	49.23%	6.15%	0.00%

息作为主要信息内容的选择比例都在 20%左右，种植业信息的使用比例则相对较高，接近 60%。超过三分之一的受访者表示农产品质量安全与追溯信息是日常使用的主要信息内容之一。农村电子商务信息的利用最低，只有 13.43%(图 2-1)。

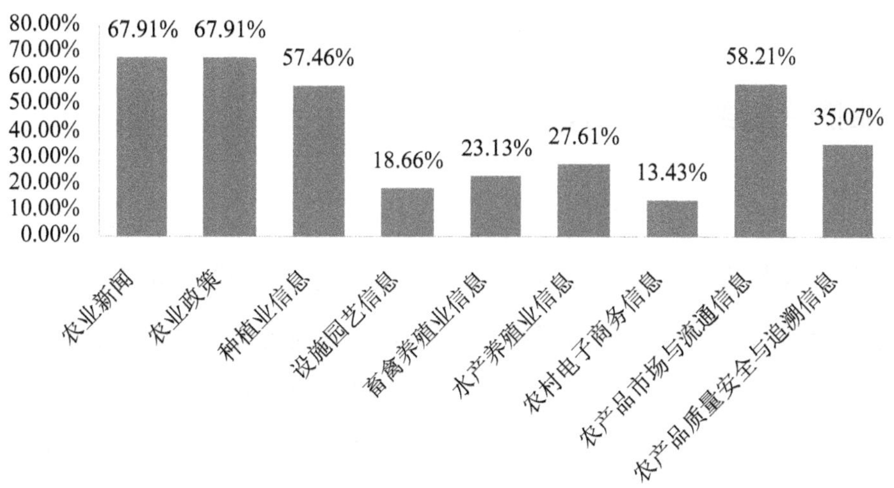

图 2-1　苏南地区农业信息用户日常使用的农业信息内容

苏南地区信息用户日常使用的农业信息主要来自于乡镇农业信息服务站、当地政府及省市县农业信息中心、农业科技部门等，其中乡镇农业信息服务站是最主要的信息发布渠道，近 70%的受访者日常使用的信息来自乡镇信息服务站。高校、农家书屋、图书馆、农业信息服务企业等信息服务机构发挥的作用有限，认为这些机构是其主要信息来源的受访者比例只在 10%左右，图书馆的选择比例只有 6.72%。村/社区信息服务点作为乡镇信息服务站的补充，也向 26.12%的受访者提供了所需的农业信息内容(图 2-2)。

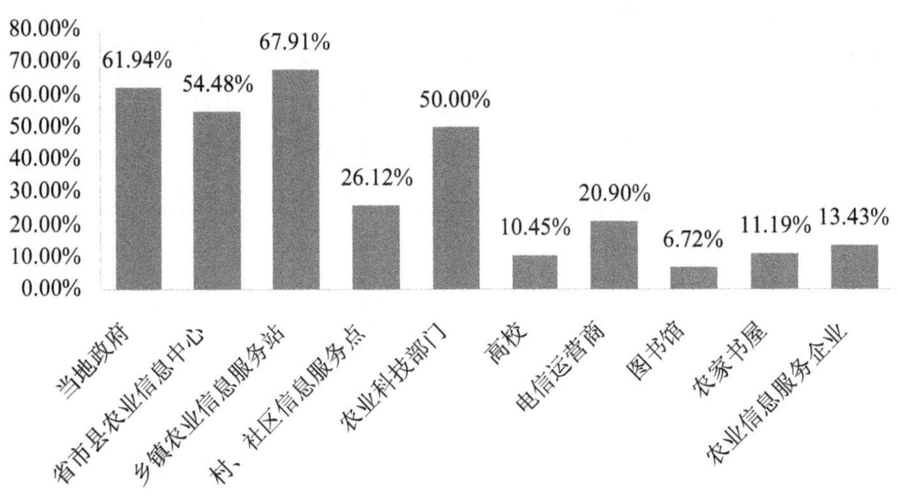

图 2-2　苏南地区农业信息用户日常使用的农业信息内容来源机构

3. 农业信息服务体系建设

(1) 信息服务组织基本情况

苏南地区苏州、无锡、常州、镇江、南京五市都建有市级、县(市、区)级信息职能部门，主要信息服务职能包括发布农业信息、建设与管理信息服务平台、加工处理信息、推广信息技术、信息咨询、决策支持等。

根据江苏省农业信息中心 2012 年 3 月的统计数据，2011 年苏南地区乡镇或区域农业信息化服务体系健全率为 96.59%，说明苏南地区绝大部分乡镇或区域的农业信息服务达到了“六有”标准(有专门服务机构、有上网设备、有热线电话、有农业网站、有服务制度、有信息发布栏)。

(2) 信息服务组织技术条件建设

苏南地区各市、县(市、区)级信息职能部门的信息技术条件比较完善。开展服务所使用的网络以互联网、电信网为主，以广播电视网络为辅；各级信息服务组织的主要信息装备中，人均水平达手机 0.63 部、台式电脑 0.94 部、电话 0.56 部、笔记本电脑 0.24 部。61%的市、县(市、区)信息职能部门都有服务热线，50%的市、县(市、区)信息职能部门在其主要服务点上有服务电视机/大屏幕，61%的市、县(市、区)信息职能部门在其主要服务点及下属乡镇、村有信息发布栏。

(3) 信息服务组织发布的政策

苏南地区部分市、县(市、区)级信息职能部门制定发布了农业信息服务相关政策，比如《昆山市“十二五”信息化专项规划(含农业信息化发展规划)》、《江阴市农业信息化十二五规划》、南京市六合区发布的《“十二五”全区农业信息化实施意见》、《农村信息网络覆盖提升工程实施办法》、《关于加快推进全区村级“四有一责”建设行动计划的实施意见》、镇江润州区农委发布的《润州区农委开展农业信息化工作实施方案》等。

(4) 信息服务组织人才建设

苏南地区各市、县(市、区)级信息职能部门的队伍由专职、兼职人员组成，专职人员每部门平均 2 人，专、兼职人员比例约为 1∶15，主要学历为本科、大专，61%的部门安排人才培训/进修。

(5) 信息服务组织的资金投入

苏南地区各市、县(市、区)级信息职能部门的资金来源主要是财政拨款，80%左右的部门的资金来源为财政拨款，其余约 20%的部门自筹经费；苏南地区信息职能部门的年经费总额平均约为 30 万，但各地区经费差异较大，最低的年度经费只有 2 万，最高的达 300 万。

(6) 信息服务组织的管理

苏南地区各市、县(市、区)级信息职能部门归属于当地政府的农业委员会，为了做好农业信息服务，各地农委制定了一系列管理制度和考核、奖惩制度。比如，南京市的《关于印发<2012 年农委信息宣传工作意见>的通知》、《南京市镇街农业信息报送工作考核办法(试行)》、《关于进一步做好南京市农业部门门户网站内容保障工作的意见》等，六合区的《农业信息站(点)管理制度》、《农业信息员工作职责》、《六合区街镇农业服务中心年度考核办法》，昆山市的《农业委员会机关人员目标管理考核实施办法》，溧阳市的《溧阳市农林信息工作考核办法》，常州市武进区的《2012 年农业信息现代化工作考评指标体系》、《2012 年“武进农业信息网”内容保障方案》等将农业信息现代化工作考评列入年度各项工作的综合考评，对各科、站、办、所的信息工作考评列入星级科站的评定，对各镇(街道)农技农机站(经济管理科)、兽医站的信息工作考评列入年终的综合考评，对各单位信息员的信息工作考评，实施年终“优秀信息员”评选，设一等奖一名，二等奖三名，三等奖五名，并进行表彰奖励。

此外，一些市、县农业信息职能部门还与本地政府信息中心、经信委、公安局、气象局、电信运营商、电视台、电台等其他信息机构建立了联系与沟通、协同关系。

二、苏中地区农业信息化发展现状

1. 农业信息资源建设

(1) 涉农网站建设

苏中地区各市、县(市、区)级信息职能部门中，100%的部门都建有涉农网站，其中 78%的部门是自行建设网站，11%的部门与其他部门合作建设网站，11%的部门利用上级机构建设的网站。各地涉农网站的主要服务内容有市场信息、种植业信息、设施园艺信息、水产养殖业信息、畜禽养殖业信息、政策(务)信息等。还有一些特色服务内容，比如地方农特产品推介、农药检测公告等。89%的部门自行建设涉农网站的内容，11%的部门通过合作机构提供网站内容，61%的部门每天更新网站内容。

(2) 农业热线建设

苏中地区各市、县(市、区)级信息职能部门中，100%的部门建有农业热线，其中，28%的部门自行建设热线，44%的部门采用省、市级热线平台，28%的部门与其他机构合作建设热线。各地农业热线的主要服务内容有种植业信息、设施园艺信息、畜禽养殖信息、政策信息、水产养殖信息、咨询与投诉、市场信息等。农业热线内容主要来自于部门自行建设和合作机构提供，根据需要按天、不定期进行更新。热线服务分自动语音和人工咨询，以人工咨询为主。

(3) 农业短信息建设

苏中地区各市、县(市、区)级信息职能部门中，89%的部门建有农业短信息平台，其中，75%的部门采用省、市级短信息平台，25%的部门与其他机构合作建设短信息平台。各地短信息平台的主要服务内容有种植业信息、水产养殖业信息、畜禽养殖业信息、设施园艺信息、市场信息、政策信息、气象信息、灾害预警等。75%的部门自行采编发布短信息，也有一些部门从上级信息机构和相关合作机构获取短信息内容，主要通过短信息推送进行服务，根据农业生产需要即时发布，兼有咨询服务。

(4) 农业电视建设

苏中地区各市、县(市、区)级信息职能部门中，94%的部门开设了农业电视栏目，其中，53%的部门与县(市、区)电视台合作开办农业节目，47%的部门与市级电视台合作开办农业节目。各地农业电视节目的主要服务内容有农业技术信息、市场信息、农业新闻、致富典型、政策信息等。电视节目主要由信息部门和电视台合作拍摄，一般安排每周固定时间播出。

(5) 农业广播电台建设

苏中地区各市、县(市、区)级信息职能部门中，83%的部门开设了农业广播电台栏目，其中，47%的部门与县(市、区)广播电台合作开办农业节目，53%的部门与市级广播电台合作开办农业节目。各地农业广播电台节目的主要内容有农业技术信息、农业新闻、市场行情、政策法规、致富典型等。53%的部门与广播电台合作录制节目内容，47%的信息部门自行录制节目内容，每天或每周固定时间段播出。

(6) 智能农业建设

苏中地区各市、县(市、区)平均每县(市、区)建设有智能农业点 1.7 个以上，比较典型的应用包括各类生产管理监控、生产自动控制、农产品质量安全监管系统等。

2. 农业信息服务利用

调查数据显示，苏中地区农村用户对农业网站信息服务、农业短信息服务、乡镇村信息服务站、农业电视栏目等信息服务平台每月使用 2 次以上的比例都在 80%~90%。其中，利用率最高的农业信息服务平台是乡镇村信息服务站，近 40%的受访者表示每月使用其服务 10 次以上；农业短信服务和农业网站服务利用率较高，每月使用大于 5 次的受访者比例近 65%；农业电视栏目服务大于 5 次的比例为 56%；农家书屋和农业热线服务的使用率较高，每月使用 2 次以上的比例达 79%、71%；图书馆/室、农业信息化装备、农业视频点播每月使用 2 次以上的比例达 61%、55%、50%。详见表 2-3。

表 2-3　苏中地区农业信息用户日常使用的农业信息平台

农业信息平台	频繁使用 ≥10 次/月	较频繁使用 5~9 次/月	一般使用 2~4 次/月	较少使用 ≤1 次/月	从不使用
农业网站信息服务	33%	32%	18%	6%	10%
农业短信息服务	37%	29%	27%	4%	3%
农业电话热线服务	16%	23%	32%	17%	11%
农业电视栏目服务	22%	34%	32%	9%	3%
农业视频点播服务	6%	16%	28%	14%	37%
乡镇村信息服务站	39%	30%	22%	0%	9%
农业信息化装备	7%	18%	30%	13%	32%
农家书屋	17%	24%	38%	6%	15%
图书馆/室	7%	19%	35%	12%	27%

调查统计数据(表 2-4)显示，苏中地区受访者对各农业信息服务平台的整体满意度很高，“不满意”和“非常不满意”的比例均较低，两项比例之和只在 1%~6%之间；苏中地区受访者对乡镇信息服务站提供的农业信息服务满意度最高，“非常满意”的比例达到 61%，远高于其他信息服务平台的“非常满意”比例；其次是农业短信息服务和农业网站信息服务，“非常满意”的比例分别为 49%和 48%；用户对农业视频点播服务、图书馆/室的“非常满意”比例相对较低。

表 2-4　苏中地区农业信息用户对信息平台服务的满意度

农业信息平台	非常满意	比较满意	一般满意	较不满意	非常不满意
农业网站信息服务	48%	44%	4%	4%	0%
农业短信息服务	49%	34%	15%	1%	1%
农业电话热线服务	34%	36%	25%	4%	1%
农业电视栏目服务	36%	49%	12%	2%	0%
农业视频点播服务	19%	40%	36%	5%	1%
乡镇村信息服务站	61%	32%	6%	0%	1%
农业信息化装备	24%	45%	25%	4%	1%
农家书屋	27%	54%	17%	2%	1%
图书馆/室	19%	48%	31%	1%	1%

图 2-3 的统计数据显示，苏中地区受访者日常使用的农业信息内容以农业生产信息、农业新闻、农业政策信息为主，农业生产信息又以种植业信息为主，是三分之二左右受访者主要使用的信息内容；农产品市场与流通信息所选比例达到 54.4%，说明有超过一半的受访者比较关心农产品的价格及供求等信息；近三分之一的受访者表示农产品质量安全与追溯信息是日常利用的主要信息内容之一；农村电子商务信息的利用率只有 9.6%。

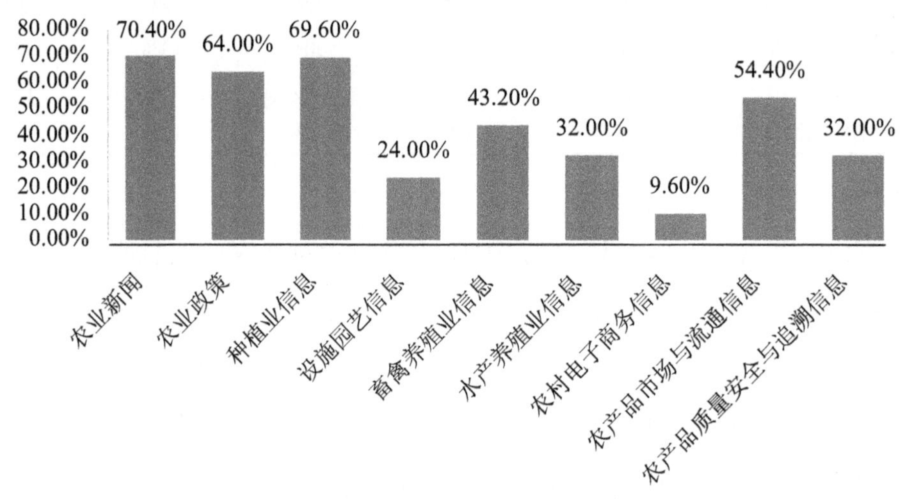

图 2-3　苏中地区农业信息用户日常使用的农业信息内容

图 2-4 的统计数据显示，苏中地区农村用户日常使用的农业信息主要来自乡镇农业信息服务站、当地政府及省市县农业信息中心、农业科技部门等，其中乡镇农业信息服务站是最主要的信息发布和传递渠道，81.6%的受访者表示乡镇信息服务站是其获取农业信息的主要机构之一，这一比例远高于其他信息服务机构的被选比例；高校、图书馆、农业信息服务企业等信息服务机构发挥的作用仍然有限，特别是高校，只有 3.2%的受访者表示高校是其主要的信息来源机构；值得注意的是，村、社区服务点的作用在苏中地区更为突出，成为近 50%的受访者获得农业信息的主要来源机构之一；农家书屋的选择比例也比苏南地区大为提高，达到 35.2%。

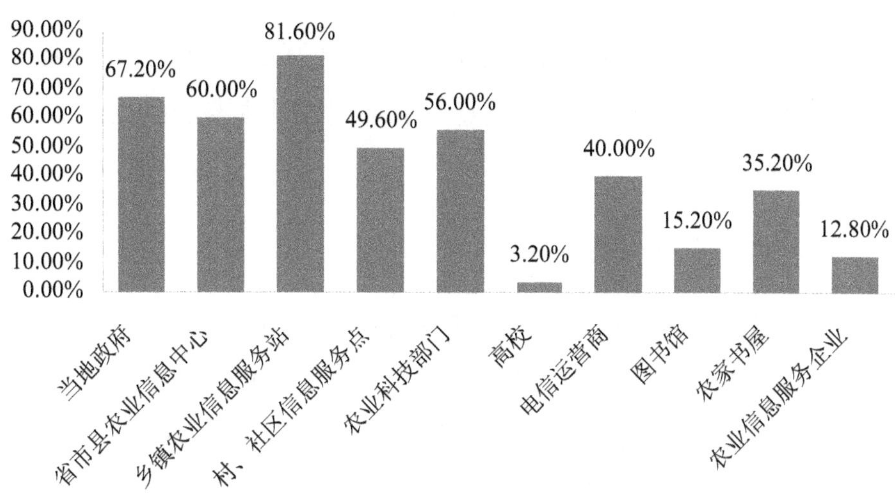

图 2-4 苏中地区农业信息用户日常使用的农业信息内容来源机构

3. 农业信息服务体系建设

(1) 信息服务组织基本情况

苏中地区南通、泰州、扬州三市都建有市级、县(市、区)级信息职能部门，主要信息服务职能包括发布信息、加工处理信息、建设与管理信息服务平台、推广信息技术、决策支持、信息咨询服务等。

根据江苏省农业信息中心 2012 年 3 月的统计数据，2011 年苏中地区乡镇或区域农业信息化服务体系健全率为 96%，说明苏中绝大部分乡镇或区域的农业信息服务达到了“六有”标准(有专门服务机构、有上网设备、有热线电话、有农业网站、有服务制度、有信息发布栏)。

(2) 信息服务组织技术条件建设

苏中地区各市、县(市、区)级信息职能部门的信息技术条件比较完善。开展服务所使用的网络以互联网、电信网为主，以广播电视网络为辅；各级信息服务组织的主要信息装备中，人均水平达手机 0.83 部、台式电脑 1.1 部、电话 0.8 部、笔记本电脑 0.38 部。100%的市、县(市、区)信息职能部门都有服务热线，50%的市、县(市、区)信息职能部门在其主要服务点上有服务电视机/大屏幕，70%的市、县(市、区)信息职能部门在其主要服务点及下属乡镇、村有信息发布栏。

(3) 信息服务组织发布的政策

苏中地区部分市、县(市、区)级信息职能部门制定发布了农业信息服务相关政策，比如泰州市的《关于实施农业信息化“1519”工程意见》、《高港区农业信息工作考核奖励办法》、兴化市的《关于开展乡镇农业信息化工作考评的通知》等。

(4) 信息服务组织人才建设

苏中地区各市、县(市、区)级信息职能部门的队伍由专职、兼职人员组成，专职人员每部门平均 2.7 人，专、兼职人员比例约为 1∶14，主要学历为大专、本科，83%的部门安排人员培训/进修。

(5) 信息服务组织的资金投入

苏中地区各市、县(市、区)级信息职能部门的资金来源主要是财政拨款，89%左右的部门的资金来源为财政拨款，其余的部门自筹经费；苏中地区信息职能部门的年经费总额平均约为 20 万元，但各地区经费差异较大，最低的年度经费只有 0.5 万元，最高的达 50 万元。

(6) 信息服务组织的管理

苏中地区各市、县(市、区)级信息职能部门归属于当地政府的农业委员会，为了做好农业信息服务，各地农委制定了一系列管理制度和考核、奖惩制度。比如，南通市的《南通市农业委员会计算机网络使用管理制度》、《南通市农业委员会信息安全突发事件应急预案》、如东市的《关于 2012 年农业宣传信息工作考核的意见》、海安县的《海安县农业委员会信息报送工作制度》、扬州市农委的《网络与信息安全应急预案》、《系统安全风险管理制度》、《资产和设备管理制度》、《机房安全管理制度》、《教育培训制度》、《系统数据备份与恢复管理制度》、《数据及信息安全管理制度》、《信息安全产品采购、使用管理制度》、《用户管理制度》、《扬州市江都区农业信息中心主要职责》、《扬州市江都区农业信息员主要职责》、《扬州市江都区农委农业信息考核意见》、《扬州市江都区农委信息工作考核奖励实施细则(试行)》等。

此外，一些市、县农业信息职能部门还与本地政府信息中心、发改委、电视台、电台等其他信息机构建立了联系与沟通、协同关系。

三、苏北地区农业信息化发展现状

1. 农业信息资源建设

(1) 涉农网站建设

苏北地区各市、县(市、区)级信息职能部门中，92%的部门都建有涉农网站，其中 88%的部门是自行建设网站，12%的部门是与其他部门合作建设网站，或直接依托政府网站。各地涉农网站的主要服务内容有种植业信息、畜禽养殖信息、市场信息、设施园艺信息、水产养殖业信息、政策信息、培训信息、政务公开信息等。还有一些特色服务内容，比如网上商城、供求信息、龙头企业信息、优质农产品信息等。97%的部门自行建设涉农网站的内容，也有一些部门通过合作机构和上级机构提供网站内容，65%的部门每天更新网站内容。

(2) 农业热线建设

苏北地区各市、县(市、区)级信息职能部门中，84%的部门建有农业热线，其中，55%的部门自行建设热线，29%的部门采用省、市级热线平台，16%的部门与其他机构合作建设热线。各地农业热线的主要服务内容有畜禽养殖业信息、种植业信息、水产养殖业信息、设施园艺信息、政策信息、市场信息、咨询等。81%的部门自行建设热线内容，根据需要按天、周、不定期进行更新。热线服务分自动语音和人工咨询，以人工咨询为主。

(3) 农业短信息建设

苏北地区各市、县(市、区)级信息职能部门中，78%的部门建有农业短信息平台，其中，69%的部门采用省、市级短信息平台，31%的部门自行建设短信息平台，或与其他机构合作建设短信息平台。各地短信息平台的主要服务内容有种植业信息、畜禽养殖业信息、水产养殖业信息、设施园艺信息、市场信息、政策信息、农业新闻、灾害预警等。79%的部门自行采编发布短信息，也有一些部门从上级信息机构和相关合作机构获取短信息内容，主要通过短信息推送进行服务，根据农业生产需要即时发布。

(4) 农业电视建设

苏北地区各市、县(市、区)级信息职能部门中，78%的部门开设了农业电视栏目，其中，86%的部门与县(市、区)电视台合作开办农业节目，14%的部门与市级电视台合作开办农业节目。各地农业电视节目的主要服务内容有农业技术信息、致富典型、市场信息、农业新闻、政策信息等。电视节目主要由信息部门和电视台合作拍摄，一般安排每周固定时间播出。

(5) 农业广播电台建设

苏北地区各市、县(市、区)级信息职能部门中，76%的部门开设了农业广播电台栏目，其中，89%的部门与县(市、区)广播电台合作开办农业节目，11%的部门与省市级广播电台合作开办农业节目。各地农业广播电台节目的主要内容有农业技术信息、农业新闻、市场信息、致富典型、政策法规、专家在线等。29%的信息部门自行录制节目内容，71%的部门与广播电台合作录制节目内容，每天或每周固定时间段播出。

(6) 智能农业建设

苏北地区各市、县(市、区)平均每县(市、区)建设有智能农业点 4.2 个以上，比较典型的应用包括各类生产管理监控、生产自动控制、农产品质量安全监管系统等。

2. 农业信息服务利用

表 2-5 的统计数据显示，苏北地区利用率较高的农业信息平台是农业短信息服务、农业网站信息服务、农业电视栏目服务和乡镇村信息服务站，受访者每月利用超过 5 次的比例均在 40%~50%，可以看出这些信息服务平台的利用情况较为接近；农业电话热线服务、农业视频点播服务、农业信息化装备、图书馆/室等平台的利用率相对较低，每月使用 5 次以上的比例均低于 20%，而从不使用的比例却都接近或者超过 40%，这几个农业信息服务平台的利用分布也较为接近。

表 2-5　苏北地区农业信息用户日常使用的农业信息平台

农业信息平台	频繁使用 ≥10 次/月	较频繁使用 5~9 次/月	一般使用 2~4 次/月	较少使用 ≤1 次/月	从不使用
农业网站信息服务	29.94%	16.17%	23.35%	10.78%	19.76%
农业短信息服务	28.31%	19.88%	27.71%	9.64%	14.46%
农业电话热线服务	6.67%	9.70%	20.61%	24.85%	38.18%
农业电视栏目服务	29.94%	12.57%	29.94%	10.78%	16.77%
农业视频点播服务	7.93%	9.76%	17.07%	20.12%	45.12%
乡镇村信息服务站	23.17%	18.90%	21.95%	11.59%	23.78%
农业信息化装备	9.20%	8.59%	16.56%	17.18%	48.47%
农家书屋	18.34%	13.61%	23.67%	20.12%	23.67%
图书馆/室	10.37%	9.76%	21.95%	20.12%	37.80%

苏北地区信息服务的满意度调查数据(表 2-6)显示，苏北地区用户对各类

农业信息平台服务的整体满意度较高，只有对农业电话热线服务“较不满意”和“非常不满意”的选择比例超过 10%，其他信息服务这两项选择比例之和均在 5%左右甚至更低。苏北地区用户满意度最高的信息服务平台是农业网站服务，39.85%的受访者对该平台服务“非常满意”，“比较满意”也达到 40.6%；农业短信息服务、农业电视栏目服务、乡镇村信息服务站的满意率也较高，“非常满意”的选择比例均超过三分之一，接近 40%。

表 2-6　苏北地区农业信息用户对信息平台服务的满意度

农业信息平台	非常满意	比较满意	一般	较不满意	非常不满意
农业网站信息服务	39.85%	40.60%	17.29%	2.26%	0.00%
农业短信息服务	38.73%	35.92%	19.72%	4.93%	0.70%
农业电话热线服务	20.37%	30.56%	37.04%	6.48%	5.56%
农业电视栏目服务	37.41%	31.65%	27.34%	2.16%	1.44%
农业视频点播服务	15.05%	37.63%	41.94%	5.38%	0.00%
乡镇村信息服务站	35.20%	37.60%	22.40%	2.40%	2.40%
农业信息化装备	22.22%	36.67%	33.33%	4.44%	2.22%
农家书屋	28.00%	32.80%	33.60%	3.20%	2.40%
图书馆/室	18.10%	33.33%	43.81%	1.90%	2.86%

图 2-5 的统计数据显示，苏北地区受访者日常使用的最主要的信息内容是种植业信息，选择比例为 67.44%，远远高于设施园艺、水产养殖业等其他种类的农业生产信息。农业政策、农业新闻也是苏北地区受访者使用的主要信息，选择比例在 60%左右；近 54%的受访者比较关心农产品价格和市场的变化，农产品市场与流通信息也是他们利用的主要信息内容之一；近 30%的受访者日常会使用农产品质量安全与追溯信息，只有 11%的受访者日常会使用农村电子商务信息。

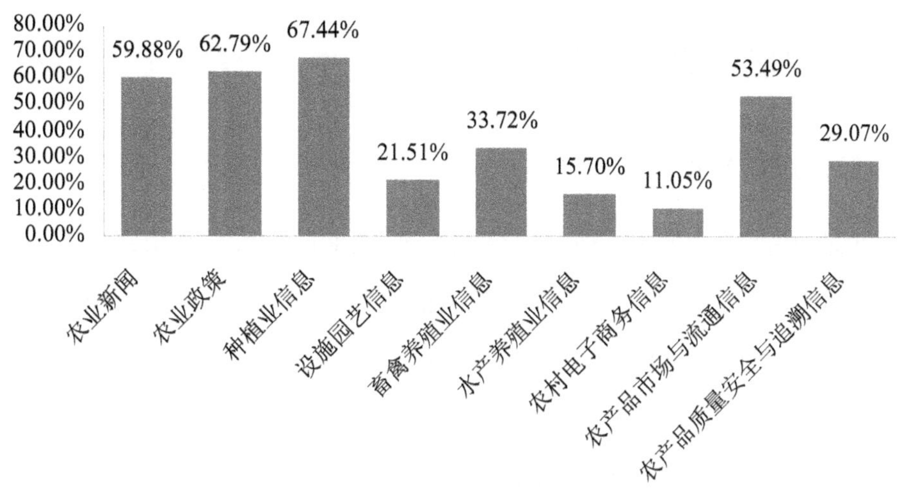

图 2-5　苏北地区农业信息用户日常使用的农业信息内容

图 2-6 的统计数据显示，苏北地区受访者日常使用的农业信息内容最主要的来源是乡镇农业信息服务站，选择比例达到 68%；省市县农业信息中心、农业科技部门、当地政府也是受访者日常使用信息的主要来源，选择比例在 50%上下；苏北地区农家书屋的选择比例达到 32.56%；高校、图书馆、农业信息服务企业等信息服务机构发挥的作用有限，特别是高校，只有 5.81%的受访者表示高校是其主要的信息来源机构。

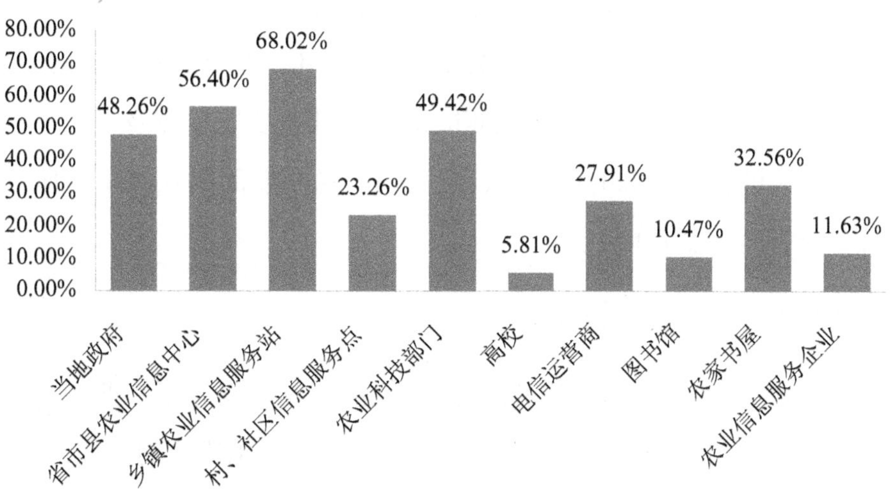

图 2-6　苏北地区农业信息用户日常使用的农业信息内容来源机构

3. 农业信息服务体系建设

(1) 信息服务组织基本情况

苏北地区盐城、淮安、宿迁、徐州、连云港五市都建有市级、县(市、区)级信息职能部门，主要信息服务职能包括发布信息、建设与管理信息服务平台、加工处理信息、推广信息技术、信息咨询、决策支持、开展信息业务培训、管理农业信息资料与档案等。

根据江苏省农业信息中心 2012 年 3 月的统计数据,2011 年苏北乡镇或区域农业信息化服务体系健全率为 85.69%，说明大部分乡镇或区域的农业信息服务达到了“六有”标准(有专门服务机构、有上网设备、有热线电话、有农业网站、有服务制度、有信息发布栏)。

(2) 信息服务组织技术条件建设

苏北地区各市、县(市、区)级信息职能部门的信息技术条件比较完善。开展服务所使用的网络以电信网、互联网为主，以广播电视网络为辅；各级信息服务组织的主要信息装备中，人均水平达手机 0.81 部、台式电脑 1 部、电话 0.54 部、笔记本电脑 0.29 部。84%的市、县(市、区)信息职能部门都有服务热线，60%的市、县(市、区)信息职能部门在其主要服务点及下属乡镇上有服务电视机/大屏幕，80%的市、县(市、区)信息职能部门在其主要服务点及下属乡镇、村有信息发布栏。

(3) 信息服务组织发布的政策

苏北地区部分市、县(市、区)级信息职能部门制定发布了农业信息服务相关政策，比如金湖县、涟水县的《关于推进农村信息化建设的实施意见》、淮安市淮安区的《关于加强农业信息报送工作的通知》、沭阳县的《沭阳县农业信息化建设意见》、宿迁市的《宿迁市信息化推进工作联席会议制度》、《宿迁市信息化推进工作情况通报制度》、宿豫区的《关于加快推进全区农业信息化建设的通知》、泗阳县的《关于保障泗阳农业网网站内容的通知》等。

(4) 信息服务组织人才建设

苏北地区各市、县(市、区)级信息职能部门的队伍由专职、兼职人员组成，专职人员每部门平均 4 人，专、兼职人员比例约为 1 : 5.56，主要学历为大专、本科，62%的部门安排人员培训/进修。

(5) 信息服务组织的资金投入

苏北地区各市、县(市、区)级信息职能部门的资金来源主要是财政拨款，76%左右的部门的资金来源为财政拨款，其余的部门自筹经费；苏北地区信息职能部门的年经费总额平均约为 19.8 万元，但各地区经费差异较大，最低的年度经费只有 0.6 万元，最高的达 120 万元。

(6) 信息服务组织的管理

苏北地区各市、县(市、区)级信息职能部门归属于当地政府的农业委员会，为了做好农业信息服务，各地农委制定了一系列管理制度和考核、奖惩制度。比如《洪泽县农委关于加强农业信息工作的通知》、淮安市农业信息中心《关于开展农业信息工作考评的通知》、连云区农业信息中心《农业信息中心管理制度》、《泗洪县农委信息化管理制度》、《宿城区农业委员会信息工作制度》、《宿迁市信息化推进工作目标考核办法》、《丰县农业信息员工作职责》、《沛县农业网信息公开管理办法》、《新沂市农业局信息中心管理制度》等。

此外，一些市、县农业信息职能部门还与本地政府信息中心、气象局、电信运营商、电视台、电台等其他信息机构建立了联系与沟通、协同关系。

四、苏南、苏中、苏北区域发展比较

江苏省内苏南、苏中、苏北地区经济发展水平呈梯度差异，农村信息化处在不同的发展阶段。

在基础设施发展方面，苏南、苏中和苏北的发展水平基本呈现为阶梯式落差。以互联网为例，根据江苏省通信管理局、江苏省互联网行业管理服务中心、江苏省互联网协会 2012 年 3 月发布的《江苏省互联网发展状况报告》①，江苏省苏南、苏中和苏北地区的互联网普及率分别为 54.6%、47.4%和 37.9%。苏南地区网民数量为 1778.76 万人，苏中地区为 776.59 万人，苏北地区为 1129.65 万人。农村的互联网普及率明显低于城镇。苏南地区使用台式电脑、手机和笔记本电脑上网的网民比例，分别为 82.1%、76.8%和 58.2%，高于苏中(77.2%、69.5%和 49.7%)、苏北地区(72.4%、63.4%和 48.4%)。苏南地区经济发展水平较高，互联网设施完善，家庭接入网络更便捷，在家上网的网民比例(89.3%)高于苏中(88.2%)、苏北地区(76.8%)。苏南、苏中和苏北地区网民使用各种网络应用和移动互联网应用服务的比例也基本是呈阶梯式下降。

在农业信息资源建设方面，苏南、苏中、苏北地区各市、县(市、区)级信息职能部门普遍建设了涉农网站，根据对江苏省市级、县(市、区)级农业网站的评价数据，总体情况都是苏南地区的涉农网站的平均综合指数高于苏中，苏中高于苏北。从网站内容与功能建设、网站服务效果与知名度这两项一级指标的评估得分看，也是苏南最高，其次是苏中，苏北最低。根据用户抽样调查数据，苏南、苏中地区用户对涉农网站的利用率高于苏北。苏中、苏北地区市、县(市、区)级信息职能部门中农业热线的普及率高于苏南地区，苏中地区农业热线的利用率也高于苏北、苏南。苏中、苏北地区市、县(市、区)级信息职能部门中短信息的普及率高于苏南地区，苏中地区用户农业短信息的利用率最高，其次是苏南，苏北最低。苏中、苏北地区市、县(市、区)级信息职能部门中，开设农业电视节目的比例高于苏南，苏中地区用户的收看率

---

① 江苏省互联网发展状况报告. [2012-12-20]. http://www.jsca.gov.cn/zxzx/hygc/jshlwfzbg/201206/P020120605552005930228.pdf

高于苏南、苏北。苏中、苏北地区市、县(市、区)级信息职能部门中，开设农业广播电台节目的比例高于苏南。在智能农业项目的建设上，苏北地区各市、县(市、区)建设智能农业点的平均数量最高，其次是苏南、苏中，苏中地区的利用率高于苏南、苏北。

在信息服务体系建设方面，苏南、苏中、苏北地区都建有市级、县(市、区)级信息职能部门。根据江苏省农业信息中心 2012 年 3 月的统计数据，苏南、苏中地区乡镇或区域农业信息化服务体系健全率明显高于苏北。苏南地区各市、县(市、区)级信息职能部门的队伍的学历层次高于苏中、苏北。苏南地区信息职能部门的年平均经费总额高于苏中、苏北。

总的来看，苏南、苏中和苏北地区农业信息化的发展呈现阶梯式落差，区域发展不均衡。这种区域发展差异会阻碍江苏省农业信息化的全面、协调和可持续发展。因此，要努力做好区域协调建设，缩小区域差异。省、市、县(市、区)各级政府应将农业信息化发展纳入全省社会经济区域协调的发展战略，制定科学的农业信息化区域协调发展规划，出台促进农业信息化区域协调发展的政策，适度控制农业信息化区域发展水平差异，建立科学的农业信息化区域分工协作体系。

第三章　江苏省农业信息化发展典型案例评析

一、江苏省农村信息化应用示范基地典型案例

2011 年 12 月 8 日，江苏省委农工办、省经信委、省农委、省商务厅相关主管处室组织对各市推荐的2011年度省农村信息化应用示范基地申报单位进行了复审，推荐南京市六合区金牛湖街道等 23 家单位为 2011 年度“江苏省农村信息化应用示范基地”。

下面以三个不同区域的镇为代表，介绍其农业信息化的发展现状。

1. 镇江市丹阳市皇塘镇

皇塘镇现有常住人口 5.7 万，11 个行政村(全部通光缆)，435 个自然村，现为全国重点镇、国家级星火技术密集区、中国民间文化艺术之乡、中国家纺名镇、镇江市经济发展十强镇。2007 年，皇塘镇在镇江市率先建成了农村信息化示范镇；2010 年，被丹阳市委评为农村信息化建设工作先进单位；2011 年，获省经信委农村综合信息服务培训中心的授牌，被江苏省委农工办、省经信委、省农委、省商务厅联合评为“江苏省农村信息化应用示范基地”。

皇塘镇的农业信息化应用可以概括为以下几个方面。

(1) 高度重视，农业信息化建设工作有组织有领导

2008 年 3 月，在镇江全市的乡镇中，率先成立了镇信息办，全面负责镇信息化建设的推进、协调和落实工作，形成信息化统筹协调机制。以大学生村官为主要力量，在镇机关和各村中建立了信息员队伍，所有规模企业都明

确了 1~2 名专职信息联络员，为推进镇农村信息化建设工作提供强有力的人才和组织保障。

(2) 强化推进、构建多门类信息化应用平台

首先建立了专门服务三农工作的信息化平台，在镇江市各镇中率先建成了镇级农业信息网——皇塘农业信息网，为全镇农业农村工作提供政策法规、新闻动态、农林科技、市场供求信息、气象农事等信息，为推动农产品流通，提升信息化对三农工作的贡献率打下了基础；建立了与镇级农业信息平台相呼应的村级门户网站，由镇信息办统筹扎口管理，11 个行政村都明确了专人负责网页更新、后台管理等具体工作；由镇农服中心牵头，移动、电信等运营商提供技术支撑，建立了镇农民上网体验中心，每年有 2100 以上人次接受网上培训和体验。

(3) 以镇综合信息服务平台为依托，实现信息互动服务

在建立镇综合信息服务平台的基础上，11 个行政村全部建立了村综合信息服务站。依托镇综合信息服务平台，按照“五个一”标准(一处固定场所、一套信息设备、一名信息员、一套管理制度、一个长效机制)，成立了镇信息化服务培训中心，全镇每年有 1136 以上人次接受相关信息化技术培训；而村综合信息服务站的全天候开放方便了农民就近上网，在综合信息服务平台上设立的政民论坛，则实现了村民(镇与村、村与村、村与村民、村民与村民)信息互动服务，推动现代信息技术在三农领域的渗透和应用。

(4) 电子商务得到了涉农企业的广泛应用

全镇 78 家规模企业都依托自身企业网站，建立了电子商务平台，积极开展网上营销，展示企业形象，提升发展业绩。江苏中彩印务、江苏堂皇集团、江苏江南生物科技有限公司等企业每年信息化应用业务收入都在 1000 万元以上。在 250 多个中小企业中，已有 90%以上的单位建立了企业网站，打开

了电子商务的窗口。

据对皇塘镇部分农业信息用户的抽样调查，皇塘镇农业短信息服务平台、乡镇村社区服务站的利用率最高，受访者每月使用 5 次以上的比例均超过 90%；其次是农业电视栏目服务和农业网站服务，每月使用 5 次以上的比例在 50%左右；农业视频点播服务和农业信息化装备每月 5 次以上使用率不高，但每月使用 2 次以上的比例接近 70%。皇塘镇农业信息用户最满意的农业信息平台是农业短信息服务，非常满意和比较满意的比例达到 100%；其次是乡镇村信息服务站和农业电视服务栏目，非常满意和比较满意的比例也超过 80%，这和这几个平台在皇塘镇农业信息用户中较高的利用率是一致的；皇塘镇农业网站信息服务的利用率相对农业短信息服务等平台的利用率较低，但是使用过该平台服务的受访者对其满意度还是比较高的，非常满意的比例达到 50%。皇塘镇农业信息用户日常使用的信息内容中，农业政策所占的比例最高，达到 83%；其次是农产品市场与流通信息，67%的受访者表示农产品市场与流通信息是其日常利用的主要信息内容之一；农业新闻和种植业信息的使用率分别是 58%和 50%。皇塘镇农业信息用户日常利用的信息内容主要来自乡镇村农业服务站和各级政府，受访者选择比例分别为 100%和 83%，农业科技部门也是 50%受访者主要的信息来源之一。

2. 泰州市靖江市西来镇

西来镇共辖 16 个行政村，2 个居民委员会，人口 48 720 人。先后被授予江苏省安全文明镇、江苏省科技先进乡镇、江苏省文化先进乡镇、泰州市文明镇等荣誉称号。

近年来，西来镇积极应用信息技术，在农业增效、农民增收、农村发展上做文章，加快了农村经济和社会发展的步伐，取得了明显的效果。西来镇党委将推广应用农村信息化技术作为镇党委的重要抓手，明确了一名副镇长分管此项工作，镇政府成立了信息化推广应用综合协调领导小组，由镇党委副书记刘强镇长任领导小组组长，由分管工业的陆宏进副镇长任副组长。领导小组成员由镇农经、财政、民政、劳动、教育等相关部门负责人参加，并指定宣传科长何焱如专门负责协调管理，使农村信息化统筹协调机构的工作落到了实处。

西来镇目前 16 个行政村、2 个居民委员会已实现 100%村村通光缆。14 个行政村和居民委员会建有符合“五个一”标准(一处固定场所、一套信息设备、一名信息员、一套管理制度、一个长效机制)的乡镇综合信息服务站。近年已陆续对农村干部和农民开展信息化应用培训达 2200 人次。镇综合信息服务平台与靖江市政府及镇政府的各有关部门专业性信息服务网站和内网链接，及时提供查询共享、信息发布等消息，重点应用领域都可以及时通过子网、网页获得相关信息。

西来镇目前已实现信息化应用的重点产业有：农产品加工、农业生产基地、农产品销售，重点产业集聚区 2010 年的经营业务收入达到 3.65 亿元。江苏新概念制革有限公司、靖江市冬阳食品厂、江苏骥洋食品有限公司、顺羊食品厂、靖桐水蜜桃专业合作社、江苏中山杉林木良种基地、靖江市新南洋进出口有限公司等一批龙头企业年业务收入均超过了 1000 万元，其中新概念制革、骥洋食品业务收入均超过 8000 万元。

据对西来镇部分农业信息用户的抽样调查，西来镇农业信息用户利用率较高的信息平台是乡镇村信息服务站，每月使用 5 次以上的比例达到 82%，受访者对该信息平台的使用频率非常高。农业网站信息服务平台的使用率也较高，每月使用 5 次以上的达到 75%。农业短信息服务和农业热线服务平台的利用频率每月 5 次及以上的比例在 40%左右。西来镇农业信息用户满意度最高的信息服务平台是乡镇村信息服务站，比较满意及非常满意比例超过 90%，远高于其他信息服务平台的满意率。农业网站信息服务的满意率也比较高，达到 82%。可以看出，西来镇利用率较高的信息服务平台其满意度也比较高，说明这些平台提供的信息得到西来镇农业信息用户的广泛认可。农业短信息服务和农业电话热线服务的利用率相对偏低，不过农业短信息服务比较满意及非常满意比例之和仍然达到 70%，农业热线电话的这一比例达到 50%。西来镇农业信息用户日常使用的主要农业信息内容首选种植业信息，受访者选择比例高达 88%；其次是农业新闻、农业政策和农产品市场与流通信息，选择比例分别是 58%、52%和 41%。西来镇农业信息用户日常利用的信息主要来源于乡镇农业信息服务站，其次是当地政府、省市县农业信息中心和村、社区信息服务点。

3. 徐州市铜山区三堡镇

三堡镇下辖 12 个行政村，总人口 4.5 万人，GDP 总量 405 485 万元，人均年纯收入达 11 668 元，全镇实现了信息化网络全覆盖。

三堡镇全镇 12 个村村村通光缆，信息化村比例达 100%，每个村都有符合国家“五个一”标准 (一处固定场所、一套信息设备、一名信息员、一套管理制度、一个长效机制) 的农村综合信息服务站点，镇政府高度重视信息化工作，成立了信息化建设领导小组和信息办公室。信息化应用的重点产业成效明显，农业生产基地与科技示范园建设和农产品加工业尤为突出，在信息化的促动下，先后建设了黄桥千亩无公害蔬菜生产基地、台上草莓标准化生产基地、徐村食用菌产业园、瑞克斯旺农业园、龙亭太空蔬菜基地、新何皇冠梨生产基地、青纯蔬菜基地等优质农产品生产基地和农产品物流聚集区，在胜阳村形成板材加工聚集区。信息化的快速发展，使三堡镇产业聚集发展取得了显著成效，年业务收入超 6 亿元，年业务收入 1000 万元以上的龙头企业和生产基地达 9 家，包括徐州吉森木业有限公司、江苏胜阳股份有限公司、江苏久久农业科技发展有限公司、瑞克斯旺农业科技有限公司、江苏青纯现代农业发展有限公司、徐州清泉农业旅游发展有限公司、三堡镇黄桥村蔬菜生产基地、康华食用菌有限公司、康盛食用菌有限公司。同时为提高信息建设队伍成员的文化素养和专业技能，三堡镇积极开展信息员培训，2012 年培训人次达 1200 余人次。

据对三堡镇部分农业信息用户的抽样调查，农业短信息服务、乡镇村信息服务站和农业信息化装备的利用率每月 5 次以上的使用率达到 50%。农业热线电话服务、农业视频点播服务的利用率非常低，“从不使用”的比例分别达到 64%和 73%；农业电视栏目的利用率也不高，每月利用超过 5 次的受访者只占 27%。三堡镇用户对农业网站信息服务和乡镇村信息服务站的满意度较高，非常满意和比较满意的比例约为 30%和 70%。农业信息化装备服务的满意率也达到 60%以上。三堡镇农业信息用户日常使用的信息内容主要是农业生产信息中的种植业信息和设施园艺信息，前者选择比例达 100%，后者也达到 64%；其次是农产品市场与流通信息，选择比例达 82%；农业新闻、农业政策、农产品质量安全与追溯信息也是三堡镇用户较常使用的信息内容。三堡镇农业信息用户日常使用的农业信息主要来自于乡镇农业信息服务站，其次是省市县各级农业信息中心和农业科技部门。

二、2012 年农业信息服务全覆盖工程项目

1. 睢宁县农业“一点通”项目建设

从 2011 年开始，睢宁县农业委员会把加强农业信息化建设作为提高农业部门为农服务水平的重要抓手来抓，以“县、镇、村三级农业信息服务网络”为载体，以“农产品网络营销、一点通农业信息服务平台项目建设”为主要推进手段来提升县农业信息化综合服务水平。在 2011 年工作的基础上，2012 年则主要全面推进“一点通农业信息服务平台”整县项目建设工作。“一点通”农业信息触摸屏项目是以方便农民查询、学习所需农业技术知识，实现农民与农业专家进行视频对话、开展“面对面”交流为目的而建设的新型农业信息服务平台，可以有效地解决农民在实际生产过程中遇到的实际问题。

2011 年睢宁县农业委员会的工作重点和成绩可以总结为：

(1) 加强领导，统筹安排

县农委成立了“睢宁县 2011 年农业信息服务工程项目建设领导组”，县农委主任任组长，分管信息工作副主任任副组长，信息中心等相关科室负责人为成员，协同做好项目建设工作。睢宁县农委项目建设领导组深入项目建设地点检查、督查，对照项目申报建设规划，严格执行建设内容和建设进度，确保项目在规定时间内完成。

(2) 切实做好“一点通”农业信息平台建设

为了真正实现“一点通”触摸屏为农所用，农委分管领导带领相关人员深入到镇村考察选点。为了确保每一个安放点都能切实服务于民，初步确定安放点后由县农委对安放点进行核查，核查的标准是：安放场所每天农民进出的平均密度、管理员的素质与责任心、上网条件、安全防护措施等，对符合以上条件的点被确定为“一点通”触摸屏安放点。按照集中与分散相结合、首先满足农民查询使用的原则，“一点通”触摸屏安放点共分为四类：一是集中投放点，设在县农委行政综合服务大厅和林牧局服务大厅；二是 16 个镇、现代农业示范园的为农服务大厅；三是农资经营大户；四是具有较强影响力、日均人流量较大的植保专业化组织与农民专业合作社。

(3) 切实保障“一点通”网络在线运行

睢宁县农委积极与县电信局合作，向市电信局专门申请了 600 元包年无限时上网业务，并为每个网点开通了此项业务，而且实行 2 年网费农委补贴 1 年的方式，实现了所有“一点通”安放点无限时宽带上网，保证全天候开展为农服务。

(4) 认真做好“一点通”安放点管理员的培训工作

在设备安装的同时，对各点的管理员或信息员进行业务培训，培训内容包括如何开关机、信息查询、视频信息下载与播放、与专家视频对话、如何向本机添加符合本地特点的农业技术资料和视频资料等相关内容。同时根据各点信息员对操作技术技能掌握情况，对信息员进行不定期的集中培训，使他们能够熟练操作和使用设备为农民开展服务。

(5) 选好“一点通”后台视频服务专家并加强在线服务的管理

根据睢宁县农业生产实际，睢宁县农委成立了视频服务专家组，视频专家涵盖农业信息化、植物保护、农业行政执法、农产品质量安全、粮食高产创建、养蚕技术、种子管理、蔬菜种植、配方施肥、畜牧兽医、动检防疫、水产养殖、果树栽管、林业技术等专业 17 位具有高级职称的成员。为做好“一点通”专家在线视频服务工作，县农委制定了视频专家在线服务管理办法，从“在线时间、在线管理、档案管理、考核评定、结果应用”等方面对专家服务质量进行量化管理，以期望通过量化管理来约束专家组成员按照要求，自觉开展为农视频服务。

(6) 做好“一点通”的宣传工作

利用睢宁农业网进行宣传，告诉农民“一点通”的安放地点和联系电话，方便农民查找与查询；同时利用报纸开展宣传，《今日睢宁报》是睢宁县发行量较大的日报，在该报上刊登新闻告诉农民“一点通”触摸屏已经安放到位，并已经开始为农民开展查询服务；在每一个安放点制作明显标识门牌，方便农民寻找和查询。

(7) 及时做好“一点通”触摸屏的内容更新工作

每周与“一点通”视频服务专家和农委业务科室联系，根据当前农事和季节变化提出一定时间范围内的技术管理意见，并及时对 50 个屏实时更新，2011 年已经更新当前农事、本地新闻等信息内容近 300 条。

2012 年睢宁县农业委员会的工作重点和成绩可以总结为：

(1) 整合资源，合力推进项目建设

2012 年睢宁县的整县推进“一点通”项目建设将与“睢宁县大众信用征集与管理办公室”合作，实行一台机器两套程序同时在线运行，即在“江苏省农村综合信息服务平台”的主界面上悬浮“睢宁县信息化综合服务平台”，建成后的“一点通”农村综合信息服务平台可实现以下功能：一是公共信息查询服务。查询村务公开、党务公开、财务公开信息以及农村三资管理、土地流转和承包信息。二是市场信息发布服务。及时更新发布关于农业生产和涉农市场信息。三是个人信息查询服务。通过识别第二代身份证信息，查询个人信用、社保、医保、农保、低保、直补、计生等民生信息。四是网上办事服务。点击“网上办事”栏目，进入政务服务大厅，在线办理行政服务类、便民服务类、求助咨询类等业务。五是互动交流服务。利用视频、在线留言、语音对话等方式与相关业务部门进行互动交流，反映问题、提出意见、发表建议。六是培训服务。发布涉农养殖、种植、网络销售技术，通过“远程教育”、“视频(语音或文字)教程”方式培训相关技能。七是文化娱乐服务。平台设有“文化农村”娱乐栏目，既能播放“舞动乡村”视频和舞曲，又可以看电影、听音乐，了解农村奇闻趣事。

(2) 规范各点建设模式

2012 年“一点通”整县推进项目做到五统一，即“统一门牌、统一管理制度、统一安放点、统一网费管理、统一后台管理”，争做全省信息化项目规范化建设单位。门牌和管理制度由县农委和县征信办统一设计制作，安放点由县农委和县征信办现场考察验收合格后确定后，网络运行费由县征信办协调从县财政配套资金中全额支付，确保每点无限时上网。

(3) 实行触摸屏信息管理员二级管理模式

即县农委和县征信办管理到镇级，镇级纪委书记是设备管理的第一责任人，镇管理到各点。项目建设办公室将对所有触摸屏在线运行情况和信息内容添加情况进行双月通报，通报发到各镇镇长，旬通报、半年报和年通报发到县政府分管领导、各镇镇长，对年通报后三名给予黄牌警告，最后一名取消该镇年终评优评先资格。

(4) “一点通”触摸屏安放点设备投放齐全

按照睢宁县农村信息化建设总规划和省大众信用管理试点县的建设规划，该县还将为每个综合信息服务点配备电脑一台、户外电子显示屏一块，资金来源为县政府配套资金和县征信办向省经信委争取的资金。

(5) 引入市场竞争机制

引入市场竞争机制参与触摸屏的管理与使用，引入有一定信用度的广告企业参与宣传与管理，由广告公司投入在部分或全部触摸屏投放点安装户外电子显示屏，与广告公司通过时间分配广告的形式既宣传农委信息内容又做广告，实现双方利益最大化。

(6) 经费保障充足

县政府每年拨付不低于 50 万元用于农村信息化平台和大众信用管理平台建设与维护(其中 2012 年县政府投入 300 万元)，县征信办每年向省经信委申请一定经费用于大众信用管理综合试点工作，这些经费足以保障两个平台的正常运行。

2. 句容市“12316 三农热线工作站”建设

句容市农业委员会于 2006 年完成省农业信息服务工程“12316 农业一线通”项目的建设并投入使用，2011 年在原来一线通的基础上，根据 2011 年江苏省农业信息服务全覆盖工程建设项目申报指南承担了“12316 三农热线工作站”建设项目并在 2012 年进行了全面升级。

“12316 三农热线工作站”是为农业生产、经营者提供政策、科技、市场、生活等农业信息的农业综合服务平台，12316 三农热线为农民群众提供技术咨询和信息服务，是农业信息用户最便捷、最简单和最直接的获取农业信息的方式之一。通过建立热线服务机制，完善专家值班制和服务台账，强化专家与农民直接交流、咨询功能。对照项目要求，句容市已建成拥有“五个一”工作站(有一部“12316”热线电话；有一间 40 平方米的办公室作“12316 三农热线工作站”的办公用房，并悬挂“12316 三农热线工作站”牌子；有一个“12316 三农热线工作站”机构；有一张专家值班表；有一套热线服务台账，台账由两方面组成，一方面是由人工座席完成，另一方面由专家在接受咨询后填写)。

在硬件建设方面，句容市农业委员会积极开展与电信公司和移动公司的合作，在原有基础上通过增设中继线和绑定多部电话号码在特服号 12316 上的形式来确保工作站电话线路需求，具体为：①与电信公司合作，在原有 2 条中继线的基础上，又增设了 2 条中继线；②将电信 87273740，87273748，87266337，87266903 四部号码直接绑定特服号 12316，实现电信、小灵通用户可直接拨打 12316。③正在与移动公司商谈，准备由移动再架设 4 条中继线，并将 4 部号码绑定 12316，从而全面实现移动用户可直接拨打 12316。④在人工座席下班及休息日，用户拨打转人工时如果无人接听将会影响到 12316 的服务质量，为解决这一问题，句容市农业委员会与电信公司合作，专门开通一部手机并将手机与 12316 人工座席绑定，在人工座席电话响的同时，手机也会响，手机 24 小时开机，这样就可以真正意义上做到 24 小时全天侯、全方位为农民进行服务。

在软件建设方面，为了加快句容市农业信息化建设步伐，提高农业信息服务水平并切实解决农村信息服务最后一公里，句容市农业委员会组建了由 6 名推广研究员、6 名具有高级职称专家和方继生、纪荣喜、王柏生等行业专家为主的句容市“12316 三农热线工作站”专家咨询团，将专家咨询团成员划为农业项目咨询、农业耕作与栽培、土壤肥料、农业产业化、粮食作物、经济作物、农民培训、农村政策法规、园艺作物、种子管理、植保农药、畜牧兽医、水产等十三个专业，并将专家的介绍及对应的拨打方式在句容农业网上进行公布。组建了一支过硬的专家咨询队伍后，句容市农业委员会多次召开“12316”三农热线专家组成员会议。另外利用系统转拨功能，将专家手机号码与 12316 绑定，利用原有语音提示操作，系统可根据咨询者的选择需求直接与对应专家咨询，免去中间环节，节省时间，提高效率。

除了该平台的软硬件建设，句容市农业委员会还注重对“12316”热线的宣传，提高农业信息用户对这一平台和这种信息服务方式的知晓率：在中国江苏网、江苏农业网和江苏文明网等影响力较大的网站上进行宣传，在镇江日报上进行宣传或者通过制作宣传杯、宣传画、悬挂宣传横幅等方式扩大其社会影响力。

为了让“12316”三农热线发挥更长久的作用，句容市农委制定了下一步的工作计划，主要是：①进一步加强专家队伍建设，扩展对二、三产业的信息服务，将葡萄、草莓等行业能手纳入到专家队伍中；②进一步完善考核机制，对专家服务绩效进行跟踪评价；③进一步增加投入，积极争取地方政府财政资金支持，主要用于“12316”三农热线工作站的常规宣传及专家组日常工作经费的补助；④充分利用宣传媒体进一步推广“12316”三农热线，扩大“12316”三农热线知名度；⑤与电台合作，利用原“四电合一”平台，继续邀请“12316”专家走进致富热线直播室，接受广大农民现场咨询。

3. 宿豫区禽类防疫视频监控系统建设

宿豫区禽类防疫视频监控系统于 2009 年 11 月底建成并投入使用，是全区禽类规模养殖场视频监控全覆盖的信息管理系统。

该系统主要由三部分组成：

(1) 信号系统

全区各养殖场安装前端摄像机(1 台球机配若干枪机)采集各养殖场实时全景视频信号。目前全区已建规模肉鸡养殖场 310 个，符合设备安装条件的 162 个养殖场监控设备全部安装到位，在每个鸡场选择了 3 个鸡棚，安装了 1 个球机和 2 个枪机，配置了硬盘录像机和显示屏。

(2) 网络系统

和电信部门合作，采用目前最先进的 H.264 技术进行数字化编码压缩全景视频等信息,通过 50M 宽带网上传至禽类防疫视频监控中心进行分析处理。根据每个鸡场的地理位置，有选择地租用了电信的光纤宽带网络和 ADSL 宽带网络。

(3) 应急系统

区农委成立禽类疫病监控中心，对全区禽类生产过程中视频、温湿度等多要素进行实时监控、分析，并将分析后的重要信息同时传送给区防指、区农委。如发现异常情况，中心立即按程序通知乡镇兽医站实地处理，如是疑似重大疫情，中心立即上报区重大动物疫病防控指挥部，启动应急预案。

通过整个系统的应用，可全面、直观、及时、有效地防控疫情发生，最大限度保障全区禽类生产安全。到目前为止，全区没有发生一起重大疫情。同时该系统内任何授权用户都可通过宽带网随时随地监控授权范围内养殖场生产情况，实现养殖场管理者不到现场也能对养殖场进行管理，农林部门可提供远程指导和诊疗服务，加工企业通过该系统科学制定加工计划。

如今，宿豫区肉鸡远程视频监控系统已经初步形成，不仅可以实现对养鸡生产过程进行全程跟踪，确保其生产过程的规范性，还可以提供专家远程诊疗服务。宿豫区的肉鸡远程视频监控系统已经成为江苏省乃至全国养鸡行业的一道亮丽风景，向农业养殖产业化、规范化迈出了关键一步。

三、江苏丰县新农村综合信息服务试点项目

近年来，丰县农委以实施国家发改委“新农村综合信息服务试点项目”为契机，进一步强化镇村农业信息服务职能。目前，丰县已形成了以中华果都网站为主要信息服务平台、县镇村户四级相连的农业信息服务网络。全县新增村级农业信息服务点 100 个，利用互联网与传统媒体、现代通讯工具相结合，通过电脑、语音电话、电视、广播、自办刊物、信息发布栏等信息载体，多渠道、多方式进行信息发布，使农民在最短的时间内接收到高质量、时效性强的农业信息，对农业企业、农产品批发市场、农民专业合作组织、种养大户、农民等农业市场竞争主体的信息服务覆盖率达到 85%以上。同时，充分利用中华果都网、丰县农业信息网等网站、丰县县镇村远程教育三级网络培训视频系统、电视、广播电台、“12316”三农热线等信息服务手段使网上农民培训人次占全部培训人次的 50%以上，积极开展多种形式农民网上培训、信息咨询发布，着力推进农产品网络营销，实现农产品网上交易 2.1 亿元。丰县通过大力开展新农村综合信息服务试点项目有效地促进了农业增效和农民增收，主要成绩如下。

(1) 夯实农业信息服务基础设施

丰县新农村综合信息服务试点项目实施过程中建设完成了占地面积 200 平方米的“县级农业综合信息服务大厅”，内设专家座席 8 个，12 平方米 LED 大屏幕一套、观众座席 100 个、信息化产品展厅 1 间、特色农产品展厅 1 间、农资销售柜台 1 个、农业信息查询电脑触摸屏 2 台，大厅外建设了近 20 平方米的全彩 LED 大屏幕一套；同时建设了宋楼、梁寨等 5 个镇级农业信息多功能培训教室，完成镇村信息服务站点电脑及网络设备的采购 (每镇 30 台)，正在开展设备的安装调试工作，近期将投入使用；与丰县“苏鲁豫皖果蔬批发市场”联合建设了两套 LED 电子大屏幕，实现了交易市场与果都网站信息网

络的农产品价格行情信息发布、收集等信息的互联，加速了信息的传递；为加快农业信息传递，使广大农民更加方便、快捷地发布和获取农产品信息，购置农业信息服务快车一辆，并配置了视频播放、投影仪、发电机、网线通讯等车载信息服务设备，进村入户送信息、送技术，使农民足不出户就可以享受到优质、便捷的信息服务。

(2) 加强各级农业信息服务机构和队伍建设

县级：以丰县农委中华果都网站为服务载体，现有专职农业信息工作人员 16 人。

镇级：建立了 14 个镇级农业信息综合服务站，配备了电脑、数码相机等信息服务设备，每镇明确了 1~2 名镇农业技术推广服务中心人员为专、兼职信息员。

村级：在全县选择农业产业结构特色鲜明、信息化意识强的村建立了 100 个村级农业信息综合信息服务点，配备了电脑等信息服务设备，并发展所在村的果蔬种植大户、经纪人等为兼职信息员。

(3) 加强多种农业信息服务平台建设

丰县新农村综合信息服务试点项目实施以来，其农业信息服务方式呈现多样化。主要原因是丰县农委能够结合本地县域实际，不断创新服务方式，农业信息发布和服务逐步走向制度化、规范化，除利用电视、广播、期刊等传统媒体外，逐步探索出了利用互联网或将互联网与传统媒体、现代通讯工具相结合发布信息进行信息服务，并加大面向社会、基层农户、农产品市场、龙头企业和种养大户的信息服务力度。

在农业网站信息平台建设方面，以项目建设为抓手主要打造和提升丰县农业信息门户网站“丰县农业信息网”和“中华果都网”的农业信息服务功能。具体方法是：对“中华果都网”原有信息服务板块进行调整，增设了农产品电子交易、农业视频直(点)播、农业技术专家咨询等系统，全面打造集果蔬供求信息采集、处理、信息检索、电子商务、网络培训等于一体的果蔬类综合信息服务商务网站；加强“丰县农业信息网”的政务公开服务建设，为今后农业政府信息的公开化、制度化、规范化管理奠定基础。以中华果都网设备和技术资源为依托，丰县在新农村综合信息服务试点过程中还建设完成了覆盖县、镇、村的三级视频培训网络系统，积极整合县委组织部基层党员干部远程培训教学、丰县农干校农民培训教室、农业教学基地等资源，并合理添置视频终端、话筒、投影仪等设备，建成了涉及 5 个县级、1 个镇级、10 个村级的集培训教学、视频直播、病虫害远程诊断、在线交流、视频会议五大功能于一体的三级网络培训视频直播系统。

在农业语音电话信息服务平台方面，在原有已开通“12316”农业服务热线的基础上，建设了“12316 三农热线呼叫中心”。该中心增设了 4 个呼叫中心人工座席电话，在每个工作日均有 4 名农业专家值班，接听用户电话咨询，现场解答问题，如遇用户咨询问题为值班专家业务以外或不能现场解答的，由值班专家为用户转接到相关专家的办公电话或手机进行解答；在非工作时间呼叫中心则将来电直接转至电信部门“118114”特服号码，由特服人员记录用户信息及咨询问题并将信息及时反馈给农业专家回复问题。同时对原有“12316”农业专家队伍进行了调整，新增了农业执法、畜牧、水产等专业的专家，组建了 34 人的农业咨询专家队伍。

在农业电视服务平台建设方面，主要是与县电视台合作，利用《魅力乡村》、《农业技术电视讲座》等栏目定点定时传递农业信息；在农业短信息平台建设方面则积极参与省信息中心“12316”和省移动公司、新华社江苏分社开通的“12582”短信平台发布工作。

(4) 丰富农业信息服务内容，打造农业信息服务品牌

丰县是果蔬生产大县，果蔬资源十分丰富。丰县农委根据涉农企业、专

业合作社、农民经纪人、种植大户和农民对农业实用技术、农业信息技术、农产品市场行情、供求信息的需求，丰富农业信息服务内容，有针对性地积极开展为农服务。例如在主要农产品的上市季节，根据农民对销售信息具有不同需求的实际情况，积极开展中华果都网信息进农家现场咨询活动，深入到田间地头、收购现场、农户家中，把市场行情、栽培技术、病虫害防治等各类农业信息及时发送到农民手中，并搜集相关信息。全年网站与农民零距离面对面的信息咨询服务 20 余次，并且把每次下乡采集到的信息撰写成分析性的文字材料，把有效信息加以整理，以新闻、市场行情等形式上传至网上供农民朋友参考；利用果都网网络宣传平台，积极宣传报道“丰县红富士苹果节”、“果王大赛”、“丰县苏鲁豫皖边贸果蔬批发市场开业庆典”等活动，将丰县特色农业生产及产品情况向广大的外商进行推荐和宣传；通过网上宣传与促销，全力推进农产品的网上销售工作，及时把产品优势转化为商品优势。丰县的大沙河牌红富士苹果、白酥梨、山药、牛蒡、芦笋、黄皮洋葱等 20 多个品种的特色产品通过中华果都网站的“网上发信息、网下做交易”形式，销售到全国各地及欧美和亚洲市场，近 3000 余名农民从传统的销售方式向集网上宣传与销售为一体的网络销售方式转变，涌现出了众多网上销售能手。

四、丹阳市康乐农牧有限公司的“智能化养猪管理系统”

采用国际先进的母猪大群饲养模式，引进智能化母猪电子饲喂系统(ESF)，结合了对动物友好的猪舍设计，通过对每头母猪耳朵上的接收器耳牌标记识别，进行控制操作，能对所有母猪进行单独饲喂(液态料或者干料)，从而可以获得良好的母猪体况。

GPS 计算机信息管理系统可对发情母猪进行自动识别，母猪、猪舍环境异常自动报警，母猪生长性能数据自动汇总标识，并可以通过互联网、手机等手段远程调控猪舍内温度、湿度、饲料、饮水等，从而可达到单人饲喂1000头母猪的生产效率，是传统机械化饲养模式的10倍以上。

ERP企业管理系统全面应用于生猪生产的各个流程，从饲料加工到母猪配种、分娩、保育、育肥及销售的各个环节，实现全程标准化、智能化运行，并通过网络连接实现远程调控各个猪场运行的目标。

五、太仓市现代农业园区信息化建设

太仓市高度重视现代农业园区信息化建设工作，专门成立园区信息化建设领导小组，推进信息化工作的规范化、制度化和网络化建设。加大园区财政资金投入，提升改造园区信息化基础设施建设。前后总投入资金800万元，实现全区8000亩互联网、电信网络辐射覆盖，真正实现了光缆到楼、光缆到室，覆盖园区100%的企业和农业基地。加快生态休闲、高效园艺、食用菌、生物科技等产业的信息化建设，引导企业进行信息化改造，推进园区企业智能化、数据化、自动化发展。为做大做强生态休闲和高效园艺产业，园区共建设4.6万平方米的高档玻璃温室，配有自动化环境控制系统；设施园艺基地配备潮汐式自动灌溉施肥系统，并将引进农产品农残快速检测设备等；食用菌厂从原料处理、菌株生长、加工、包装均实现标准数字控制自动化流水线生产；安丰生物源农药研发中心配有智能生化培养箱、高清荧光显微镜、高效液相色谱仪等数字化仪器设备，为科研生产提供精确的科学数据；高档苗木组培中心的100 kW太阳能光伏发电系统可实现光能和电能的智能转换，提高能源利用率。通过信息化改造，有效地提高了经济效益、科技水平，推进了园区提速发展。

附　　录

附录一　2012 年江苏省农业信息化发展统计数据

1. 江苏省农业信息服务平台建设情况

苏南各市县农业信息服务平台建设情况

单位	农业网站	农业短信	农业热线	农业电视频道	农业电台
南京市农业委员会市场与经济信息处	√	√	√	√	
常州市农村经济信息中心	√	√			
溧阳市农林局市场与经济信息科	√	√	√		
金坛市农林局	√	√	√		
武进区农业局市场信息科	√	√	√	√	√
常州市新北区农业管理服务中心	√	√			
苏州市农业委员会信息与产业化处	√				
苏州高新区农村发展局	√	√			
苏州市吴中区农业局	√	√		√	√
苏州市相城区农业局	√	√		√	
常熟市农业委员会科教信息科	√	√	√	√	√
昆山市农业委员会科技教育科（农业信息科）	√	√	√	√	√
吴江市农业委员会科教科	√	√	√	√	√
太仓市农业委员会科教信息科	√	√	√	√	√
张家港市农业委员会综合业务科	√	√	√	√	√
江宁区农业信息中心	√		√	√	
南京市六合区农业信息服务站	√	√	√	√	√
浦口区农业局科教科	√	√		√	
雨花台区农业局	√			√	
南京市栖霞区农业局	√				
溧水县农业信息中心	√	√	√		√

续表

单位	农业网站	农业短信	农业热线	农业电视频道	农业电台
高淳县农业信息中心	√	√	√	√	√
无锡市农业委员会综合处	√	√			
无锡市滨湖区农林局科教信息科	√				
无锡市惠山区农林局科教信息科	√				
江阴市农业信息服务中心	√	√	√	√	√
锡山区农林局农经科教信息科	√	√			
宜兴市农林局	√	√	√	√	√
镇江市农业委员会信息中心	√	√	√		
丹阳市农业委员会市场与信息科	√	√	√	√	√
句容市农业委员会市场与经济信息科	√	√	√	√	√
扬中市农业科教信息站	√	√	√	√	√
丹徒区农业委员会	√				
镇江市京口区农业委员会	√				

苏中各市县农业信息服务平台建设情况

单位	农业网站	农业短信平台	农业热线	农业电视频道	农业电台
海门市农业科教信息站	√	√	√	√	√
南通市农业委员会市场与经济信息处	√	√	√		√
启东市农业委员会	√	√	√	√	√
如东县农业委员会	√		√	√	√
如皋市农业委员会科技教育科	√	√	√	√	√
通州区农业信息中心	√	√	√	√	√
海安县农业委员会综合科	√	√	√	√	√
泰州市农业信息中心	√	√	√	√	√
泰州市海陵区农业委员会	√	√	√	√	√
泰州市高港区农业信息中心	√	√	√	√	
兴化市农业局农业信息中心	√	√	√	√	√
靖江农委综合科	√	√	√	√	
姜堰市农业信息中心	√	√	√	√	√
扬州市农业信息中心	√		√	√	
扬州市江都区农业信息中心	√	√	√	√	√
仪征市农业信息中心	√	√	√	√	√
高邮市农业委员会信息化办公室	√	√	√	√	√
宝应县农业委员会	√	√	√	√	√

苏北各市县农业信息服务平台建设情况

单位	农业网站	农业短信平台	农业热线	农业电视频道	农业电台
淮安金湖县农业信息中心	√	√	√	√	√
淮安市清浦区“12316”工作站	√	√	√		
盱眙县农委信息科	√	√	√	√	√
市场与经济信息股	√	√	√	√	√
淮安区农委办公室	√	√	√	√	√
淮阴区农业委员会信息办	√	√	√	√	√
涟水县农业信息中心	√	√	√	√	√
淮安市农业信息中心	√			√	√
东海县农业委员会信息科	√	√	√	√	√
赣榆县农委信息中心	√	√	√	√	
灌南县农委信息中心	√	√	√	√	√
灌云县农业信息中心	√	√	√	√	√
海州区农林水利局					
连云区农业林水利局农业信息中心			√		
连云港市新浦区农林水利局					
连云港市农业信息中心	√		√		
沭阳县农业信息服务中心	√		√	√	√
泗洪县农业委员会信息中心	√	√	√	√	√
宿迁市宿豫区农业信息服务站	√	√	√	√	√
宿城区农业委员会信息中心	√	√		√	√
泗阳县农业委员会信息科	√	√	√	√	√
宿迁市农业委员会信息中心	√	√	√		
中华果都网	√	√	√	√	√
沛县农委市场与经济信息科	√	√	√	√	√
睢宁县农业信息中心	√	√	√	√	√
新沂市农委农业管理办公室信息中心	√	√	√	√	√
贾汪区农业委员会	√	√	√	√	√
徐州市农业信息中心	√	√	√	√	√
东台市农业信息中心	√	√	√	√	√
大丰市农业信息中心	√	√	√	√	√
建湖县科教信息科	√	√	√	√	√
射阳县农业信息中心	√	√	√	√	√
阜宁县农业信息中心	√	√	√		√
滨海县农业信息中心	√		√	√	√
响水县农业信息中心	√	√		√	
亭湖区农业信息服务中心	√				
盐都区农业委员会信息中心	√	√	√	√	√

2. 江苏省涉农网站测评数据

网站排名	网站名称	网址	综合得分
1	江苏农业网	www.jsagri.gov.cn	87.1601
2	江苏粮网	www.jsgrain.gov.cn	66.0818
3	吴中农业信息网	www.nlj.szwz.gov.cn	62.4880
4	金陵农网	www.njaf.gov.cn	61.0866
5	南通农业信息网	www.ntagri.gov.cn	57.7838
6	江苏农业信息网	info.jaas.ac.cn	56.7858
7	江南农网	www.wxagri.cn	56.7420
8	江苏省农业机械化信息网	www.jsnj.gov.cn	56.1784
9	武进农业信息网	www.wjagri.gov.cn	56.1450
10	江苏省农业科学院	home.jaas.ac.cn	56.0557
11	惠山农林网	www.hsnlj.gov.cn/	55.3641
12	江苏海洋与渔业网	www.jsof.gov.cn	53.9473
13	常州市农业委员会	www.czagri.gov.cn	53.6301
14	南京水利网	www.njsl.gov.cn	53.6275
15	苏州市农业委员会	www.nlj.suzhou.gov.cn/web	53.0600
16	南京农业老板网	boss.njaf.gov.cn	52.7442
17	镇江农业委员会	snw.zhenjiang.gov.cn	52.4993
18	连云港农业信息网	www.lagri.gov.cn	51.8565
19	江苏省农业资源开发局	www.jsacd.gov.cn	51.7000
20	兴化农业信息网	www.xhagri.gov.cn	51.5536
21	金坛市农林局信息网	www.jtnlj.gov.cn	50.6248
22	中华果都网	www.chinadsh.com/html	50.6174
23	无锡市农业机械局	njj.chinawuxi.gov.cn	50.2710
24	江苏林业网	www.jsforestry.gov.cn	50.2633
25	海安县农业信息网	www.jshaagri.gov.cn	50.1646
26	盐城农业信息网	www.ycagri.gov.cn	50.0981
27	金桥农网	www.jqagri.com	49.1897

续表

网站排名	网站名称	网址	综合得分
28	中国家禽业信息网	www.zgjq.cn/index.html	48.5907
29	中国徐州农业频道	www.xz.gov.cn/lypd/	48.3692
30	溧水农业信息网	www.lsagri.com	48.3409
31	南通市海洋渔业局	hyj.nantong.gov.cn	48.2419
32	江苏省农机安全监理信息网	www.jsnjjl.gov.cn	48.0553
33	六合农业网	www.lhagri.com.cn	47.7427
34	江苏为农服务网	www.js12316.com/	47.7246
35	仪征农业信息网	www.yzagri.gov.cn	47.4245
36	镇江市丹徒区农业委员会	nonglin.dantu.gov.cn	47.4148
37	邳州农业网	www.pzagri.gov.cn	47.3375
38	高淳农业网	www.gcagri.gov.cn	47.0459
39	镇江市农业委员会	nljold.zhenjiang.gov.cn	47.0181
40	通州农业信息网	www.jtagri.gov.cn/nlj/	46.9182
41	无锡朝阳集团	www.chinachaoyang.com	46.8361
42	泰州市农业委员会	www.tzagri.gov.cn	46.7658
43	淮安市农机局	njj.huaian.gov.cn	46.6651
44	连云港市农业机械管理局	www.lygnj.gov.cn	46.5019
45	连云港市海洋与渔业局	ofa.lyg.gov.cn	46.4269
46	华东花木网	www.hdhmw.com	46.3983
47	江苏农民培训网	www.jsnmpx.gov.cn	46.3690
48	淮安农网	nyj.huaian.gov.cn	46.3195
49	宿城区农业委员会	www.scqagri.gov.cn	46.3146
50	江宁农业网	www.jnagri.gov.cn	46.2946
51	如皋农业信息网	www.rgagri.gov.cn	46.2920
52	常熟市农业信息网	www.csnl.gov.cn/index.php	46.2744
53	淮安市农业信息网	www.haczagri.gov.cn	46.2542
54	南京农村工作网	www.njnc.gov.cn	46.2262
55	东海县农业信息网	www.dhxagri.gov.cn	46.0388
56	赣榆农业信息网	www.gyagri.gov.cn	45.7826

续表

网站排名	网站名称	网址	综合得分
57	启动农业信息网	www.jsqdagri.gov.cn	45.7676
58	太仓农林网	nl.taicang.gov.cn	45.6903
59	淮安农业开发网	nfj.huaian.gov.cn	45.4243
60	中国蚕桑网	www.cansang.com	45.3062
61	昆山农业网	www.ksny.gov.cn/ksnl/default.asp	45.3036
62	安惠生物科技有限公司	www.alphay.com	45.1939
63	丰县农业网	www.fxny.gov.cn/html/	45.1800
64	江苏食用菌网	www.jssyj.com	45.0593
65	江苏动物卫生监督网	www.jsvd.org.cn/main/home/	44.9901
66	启东农业信息网	www.jsqdagri.gov.cn	44.8317
67	花木大世界	www.flowerschina.net	44.8215
68	盱眙农业网	www.xy-agri.gov.cn	44.6556
69	江苏省家禽科学研究院	www.jpips.org	44.4649
70	锡山区农林局	www.xsdgj.gov.cn/zgxsnlj/	44.2831
71	镇江茶叶网	www.tea-china.cn	44.2733
72	江苏农业对外合作网	www.jsagriexpo.com	43.9440
73	宿迁农业网	www.sqagri.gov.cn	43.8704
74	射阳农林网	www.syagri.gov.cn	43.7870
75	江苏优质农产品营销网	www.jsagri.cn	43.7153
76	江苏水产科技网	www.js-fish.net	43.5384
77	江苏省中科院植物研究所	www.cnbg.net	43.4931
78	无锡阳山水蜜桃	www.wxyssmt.com/juicy_peach/	43.3383
79	淮安市粮食局	lsj.huaian.gov.cn	43.1998
80	金湖农业网	www.jhagri.gov.cn	43.1356
81	亭湖农业信息网	www.thnl.gov.cn/index.asp	43.1098
82	宝农网（宝应县）	www.byagri.gov.cn/byny2011/	42.9161
83	溧阳农林信息网	www.lynl.gov.cn/index2012/	42.8121
84	江苏奶业信息网	www.jsdairy.org.cn	42.7479
85	南京农业嘉年华	carnival.njaf.gov.cn	42.6187

续表

网站排名	网站名称	网址	综合得分
86	江苏里下河地区农业科学研究所	www.yzaas.com.cn	42.6050
87	张家港农业网	www.zjgagr.gov.cn	42.5660
88	靖江农业信息网	www.jjagri.gov.cn	42.3440
89	灌云农业网	www.gyxagri.gov.cn	42.2928
90	徐州农业网	www.xac.gov.cn/index.html	42.2793
91	响水农业信息网	www.xsnl.gov.cn	42.2202
92	沭阳森源绿化苗木园艺场	www.hmsq.net	42.2056
93	江苏省宜兴市农业信息网	www.yxagri.gov.cn	42.0840
94	江南农游网	www.czlva.cn	42.0608
95	灌南农业信息网	www.gnxagri.gov.cn	42.0499
96	南通林业信息网	www.ntforestry.gov.cn	42.0167
97	淮安水利局	slj.huaian.gov.cn	41.9837
98	淮阴农业网	www.hyagri.net	41.9374
99	金利油脂有限公司	www.jinli-oil.com	41.8401
100	苏州玫瑰园园艺有限公司	www.szmgy.com	41.8353
101	泰兴农业信息网	www.txagri.gov.cn/new/index.php	41.7871
102	江苏兴化脱水蔬菜网	www.driedveg.cn	41.7301
103	贾汪农林网	www.jwnlj.gov.cn	41.4895
104	港闸农工委	www.gzngw.cn	41.1318
105	禽蛋网	www.qindanw.com	40.9688
106	中国润扬农网	www.ryagri.gov.cn	40.9584
107	连云港林业局	www.lygforestry.gov.cn	40.6984
108	句容农业网	www.jsjrny.com	40.6086
109	镇江市农业资源开发局	nfjold.zhenjiang.gov.cn	40.6033
110	盐都现代农业网	www.ydagri.gov.cn	40.4457
111	江苏三维园艺有限公司	www.swyy88.com	40.1314
112	中国天然药物信息网	www.yczx.gov.cn	40.0752
113	江苏疫控网	www.jssadc.cn/sites/jsadc/	40.0335
114	栖霞农业信息网	www.qxaf.gov.cn	39.9638

续表

网站排名	网站名称	网址	综合得分
115	相城农业信息网	www.xcnfj.gov.cn	39.7726
116	江苏中东化肥股份有限公司	www.jszd.com	39.5701
117	苏州洞庭东山碧螺春专业合作联社	www.dtsblc.com	39.5497
118	连云港市农业资源开发局	nkj.lyg.gov.cn	39.4627
119	江苏快达农化股份有限公司	www.kuaida.cn	39.4429
120	中国水禽网	www.waterfowl.com.cn/sqw/	39.3065
121	楚州农业网	www.haczagri.gov.cn	39.2402
122	江苏高邮鸭集团	www.gaoyouduck.com	39.1523
123	洪泽农业网	www.jshzagri.gov.cn	39.1072
124	清浦农业网	www.qpnyw.cn	39.0746
125	高岗农业信息网	www.ggagri.gov.cn	38.9632
126	江苏高邮农业信息网	www.jsgy.agri.gov.cn	38.9124
127	睢宁农业网	www.snagri.gov.cn	38.7739
128	吴江市平望调料酱品厂	www.szyinghu.com	38.7067
129	江苏建农农药化工有限公司	www.jiannong.com	38.7019
130	宜兴特产联盟	www.yxntc.com	38.6465
131	海门农业信息网	www.jshm.agri.gov.cn	38.5778
132	太仓三全食品有限公司	www.sanquan.com	38.5015
133	宜兴农林网	www.yxagri.gov.cn	38.4649
134	江苏省绿色食品办公室	www.jsgreenfood.com	38.4483
135	无锡天鹏集团有限公司	www.wxtp.com.cn	38.4480
136	江苏丘陵地区镇江农业科学研究所	www.zjnks.com	38.3123
137	溧阳市农林局	ly.czagri.gov.cn/index.html	38.3060
138	江苏苗木网	js.sdmmw.com	38.2612
139	金坛市农林局	jt.czagri.gov.cn/index.html	38.1979
140	张家港蔬菜网	www.zjgsc.gov.cn	38.1759
141	江苏白马黑莓网	www.bmheimei.net	38.0699
142	新北区农业局	xb.czagri.gov.cn/index.html	37.9943
143	丹阳市农业资源开发局	www.dynykf.gov.cn	37.9562

续表

网站排名	网站名称	网址	综合得分
144	钟楼区农业局	zl.czagri.gov.cn/index.html	37.9481
145	江苏种业网	www.jsseed.cn	37.7980
146	戚墅堰区农业局	qq.czagri.gov.cn/index.html	37.7553
147	徐州蔬菜网	www.xaics.com	37.6463
148	天宁区农业局	tn.czagri.gov.cn/index.html	37.6407
149	南京种业网	www.njseed.com	37.4933
150	金土地农情网	www.js-jtd.com	37.4337
151	扬州鹅业网	e123.ryagri.gov.cn	37.3732
152	淮安市农工办	ngb.huaian.gov.cn	37.3285
153	如东县农业机械化信息网	www.rdnj.gov.cn	37.2485
154	江都花木网	www.flower.jd.cn	37.1213
155	江苏长青农化股份有限公司	www.jscq.com	37.0728
156	阜宁农业信息网	www.fnagri.gov.cn	36.9769
157	中国龙虾网	www.china-longxia.net	36.7686
158	江苏省粮油食品进出口集团股份有限公司	www.jcof.com/main.html	36.6688
159	连云农业网	www.lyqzs.gov.cn	36.6497
160	常州红梅乳业有限公司	www.hmdairy.com	36.4393
161	鑫缘茧丝绸集团股份有限公司	www.haiansilk.com	36.3808
162	连云港市金囤农化有限公司	www.jindun.com	36.3428
163	南京市雨花区农林信息网	www.yhaf.gov.cn	36.1685
164	江苏银宝实业股份有限公司	www.yinbao.com.cn	36.0921
165	苏州市农业科学研究院	sznky.com	36.0574
166	中国四青作物网	www.zgsqzw.com	36.0548
167	泗阳农业网	www.synyw.gov.cn/default.php	35.9686
168	泰兴金农网	www.taixing.agri.com.cn	35.8694
169	太仓励苏远洋渔业有限公司	www.lisuent.com	35.8633
170	常州新北区农林网	www.xbnlj.gov.cn	35.8543
171	江苏双兔食品股份有限公司	www.shuangtu.com	35.7442
172	南京雪松网（中国雪松网）	www.nanjingxuesong.com	35.2175

续表

网站排名	网站名称	网址	综合得分
173	海陵农业信息网	www.tzhlny.gov.cn	35.0436
174	江苏恒顺醋业股份有限公司	www.zjhengshun.com	34.9521
175	姜堰市益众油脂有限责任公司	www.yz-oil.com	34.7744
176	南京农业资源开发网	www.njacd.gov.cn	34.6910
177	江苏沿江地区农业科学研究所	www.ntaas.cn	34.5415
178	江苏肯帝亚木业有限公司	www.kentier.com	34.5187
179	江苏省蔬菜网	www.jsshucai.com	34.4423
180	江苏省农机推广站	www.jsnjtg.com/index.php	34.4284
181	江苏省高康冻干食品有限公司	www.gkfood.com	34.3285
182	扬州金农网	yangzhou.agri.com.cn	34.1996
183	宿豫农林	www.synlw.com	34.1040
184	铜山农业网	www.tsny.gov.cn	33.9986
185	泗洪县农业委员会	www.shnwh.com	33.9974
186	姜堰农业信息网	www.jysagr.gov.cn	33.9217
187	盐城绿苑盐土农业科技有限公司	www.ychpz.com	33.9084
188	江苏顺艺丝绸有限责任公司	www.shundasilk.com	33.7610
189	大地蓝丝绸家纺	www.ddljf.com	33.5548
190	涟水农业网	www.lsagri.gov.cn	33.4719
191	江苏省农机试验鉴定与质量监管信息网	www.jsnjjd.cn	33.4311
192	连云港大福旺水产批发有限公司	www.lygsc.com.cn	33.3868
193	宜兴市粮油集团大米有限公司	www.yxdami.com	33.3461
194	吴江市阿四太湖蟹养殖有限公司	www.asixie.com	33.3234
195	江苏兔业网	www.jsttw.com	33.2760
196	江苏中洋集团	www.zy.com.cn	33.2646
197	江苏金太阳油脂有限责任公司	www.goldsunoil.cn	33.2433
198	高淳县水产批发市场有限公司	www.njgcsc.com	33.1769
199	宜兴农业资源开发局	www.yxacd.gov.cn	33.0538
200	凌家塘市场	www.ljt.cn	32.8973
201	扬州市邗江农业信息网	www.hjnl.gov.cn	32.8586

续表

网站排名	网站名称	网址	综合得分
202	阜宁县海华织造有限公司	www.fnhh.com/gsjj.asp	32.7927
203	吴江市水产养殖有限公司	www.wjscyz.com	32.7272
204	苏州市相城区阳澄湖大闸蟹集团公司	www.ychcyy.com	32.7258
205	吴江市水产养殖有限公司	www.wjscyz.com	32.6132
206	淮安蔬菜网	www.shucaiwang.com	32.5436
207	江苏九州果业科技有限公司	www.jiuzhouguoye.com	32.5429
208	江苏九寿堂生物制品有限公司	www.jiushoutang.com	32.4703
209	南京市汤泉农场	www.njtqnc.com	32.3915
210	中国江苏高邮鸭集团	www.gaoyou.com	32.3578
211	威特凯鸽业	www.wtkgy.com	32.3524
212	江都农林网	www.jdagri.gov.cn	32.2921
213	苏州上好佳食品有限公司	www.oishi.com.cn	32.2339
214	江苏省农业龙头企业网	www.jsnylt.com/default.aspx	32.2289
215	江苏省农垦米业有限公司	www.jsnkmy.com/index.html	32.0625
216	江苏紫荆花纺织科技股份有限公司	www.redbud.com.cn	32.0274
217	江苏省海洋水产研究所	www.jsocean.com	31.7825
218	江苏富安茧丝绸股份有限公司	www.fuansilk.cn	31.7173
219	江苏沭阳县豪门花木园艺中心	yuhang.cx987.cn	31.6553
220	江苏农机科技网	www.jsam.cn	31.5368
221	江苏托球农化有限公司	www.tuoqiu.com	31.4921
222	扬州市江都区合作总社	www.gxs.jd.cn	31.4741
223	射阳晶鑫食品有限公司	www.jingxinfood.com	31.4382
224	江苏省林业科学研究院	www.jaf.ac.cn	31.3642
225	南通玉兔集团有限公司	yutufood.tangjiu.com	31.2639
226	沭阳至尊园林园艺场	www.syzzyl.com	31.2258
227	沛县农业网	www.pxnyj.com	31.2162
228	淮安市供销合作总社	gxs.huaian.gov.cn	31.1433
229	常州市武进夏溪花木市场发展有限公司	xxhmsc.cn.china.cn	31.0293
230	宿迁猪场	www.jymzw.com	30.9706

续表

网站排名	网站名称	网址	综合得分
231	东台市大明生物有机肥有限公司	www.dmyjfl.com	30.7594
232	江苏京海集团	www.jinghai.net	30.7475
233	江苏江南生物科技有限公司	www.jnswkj.net	30.6681
234	高邮市万嘉面粉有限公司	www.gaote.com	30.6251
235	江苏泰达纺织有限公司	www.jstdfz.com	30.6217
236	大丰农业信息网	www.df-agri.com	30.5556
237	南京农学会	nxh.njaf.gov.cn	30.4478
238	江苏阳澄湖大闸蟹股份有限公司	www.yangchenghu88.com	30.3445
239	江苏花王园艺股份有限公司	www.flowersking.com	30.3351
240	新沂市农业网	www.jsxyagri.gov.cn	30.2872
241	南通永安纺织有限公司	www.yong-antex.com	30.2725
242	南通市农业资源开发局	nfj.nantong.gov.cn	30.2010
243	东台农业信息网	www.dtxg.net/html/main.asp	30.0502
244	南京桂花鸭（集团）有限公司	www.guihuaya.com	30.0033
245	阜宁农业教育网	www.jsfnngx.com	29.9480
246	常州农业龙头企业网	ltqy.czagri.gov.cn/index.html	29.9133
247	江苏测土配方施肥网	www.chinafertilizer.gov.cn	29.8728
248	南通海达水产食品有限公司	www.haidafood.com/hdsp/2009/	29.7976
249	江苏动感控虫科技有限公司	www.chinadg.net	29.5424
250	沭阳农委	www.shuyang.gov.cn/shuyangnw	29.3674
251	涟水县高沟捆蹄厂	www.lsgykt.com	29.3486
252	锡山区蔬菜质量安全追溯信息系统	www.fubosoft.com/markettouch	29.3064
253	江苏长寿集团	www.jschangshou.com	29.3032
254	常州农业资源开发网	zykf.czagri.gov.cn/index.html	29.1140
255	江苏艺林园花木有限公司	www.yilinyuan.com	29.1136
256	滨湖区农林局	nlj.wxbh.gov.cn/bhnl/index.html	29.0781
257	海泽园	www.haizeyuan.com	29.0264
258	射阳县万顺食品有限公司	www.sywssp.com	28.9431
259	洪泽县共和镇洪泽湖额养殖场	www.hzheyzc.cn	28.8427

续表

网站排名	网站名称	网址	综合得分
260	江苏省银河面粉有限公司	yinhe.cnmf.net	28.5114
261	苏州市苏阿姨食品有限责任公司	www.suayi.com/en/	28.2671
262	江苏三森食品有限公司	sansenfood.net	28.1849
263	扬州三和四美酱菜有限公司	www.yzjiangcai.com	28.1644
264	今日河横网	www.hehengtoday.com	28.1158
265	江苏省丹阳市同乐面粉有限公司	china-tongle.com	27.8937
266	江都市早晚食品有限公司	www.zwfood.cn	27.8763
267	无锡市水产批发市场	www.thscw.com	27.8636
268	滨海农业信息网	www.binhaiagri.gov.cn	27.3152
269	射阳县大海食品有限公司	www.chendahai.com	27.2200
270	无锡唯琼农庄	www.weiqiong-group.com	27.0884
271	太仓飞凤食品有限公司	www.sfaj.com.cn	27.0867
272	张家港农机推广网	www.zjgnjtg.com.cn	26.8818
273	浦口农业生产指导网	www.pkagri.gov.cn	26.6367
274	江阴市农林局	nlj.jiangyin.gov.cn/jyagri/index.html	26.4884
275	苏州未来农林大世界有限公司	www.chinaagriworld.com	26.1031
276	无锡欣昌锦鲤	www.wxkoi.com	25.7970
277	亭湖区城北惠春养殖园	js-chicken.com	25.7036
278	南京市农业科学研究所	www1.njaf.gov.cn/col1132	25.4069
279	沭阳县老实人园林绿化工程有限公司	www.sylsr.com	25.1005
280	苏州欧福蛋业有限公司	www.ovodan.com	24.8556
281	江阴市供销合作总社	gxs.jiangyin.gov.cn/jygxs/index.html	23.7500
282	江苏飞达尔集团有限公司	www.fidel.com.cn	22.6959
283	淮安市慧宝食品有限公司	www.huibaofoods.com	20.3382

3. 江苏省智能农业系统建设情况

苏南智能农业系统一览表

市	区/县	智能农业项目
南京市	江宁	汤山翠谷、江宁台创园、谷里农业园等市级智能农业生产应用点，实现农业远程视频监测、环境检测、生产自动控制
	浦口	南京晟泰沅农牧发展有限公司智能化精细养猪生产管理系统
	溧水	傅家边农业科技园、江苏天丰生物科技有限公司、南京金大象农牧产业有限公司
	高淳	武家嘴农业科技园、阳江狮树 2814 项目
无锡市	无锡	申港长江三鲜水产养殖智能监控系统、云亭定海猪场质量追溯系统、宜兴水产养殖智能监控示范工程、诚翔养殖有限公司猪舍环境监控系统、百兴猪场“智能化母猪群养管理系统”、芳桥金兰村水稻生长感知和智慧管理示范方阳羡茶博园物联网智能大棚、茗鼎茶业茶叶自动防霜系统和喷滴灌系统、无锡圩厍水产远程视频监控、无锡荣善食用菌温湿监控、天蓝地绿物联网技术应用示范基地、阳山水蜜桃物联网应用、无锡市茶叶品种研究所有机茶数字化种植
	滨湖	无锡市茶叶品种研究所有机茶种植数字化、智能化、精细化系统
	宜兴	鹏遥生态农业有限公司水产养殖智能监控示范工程、诚翔养殖有限公司猪舍环境监控系统、百兴猪场智能化母猪群养管理系统，芳桥金兰村水稻生长感知和智慧管理示范区、阳羡茶博园物联网智能大棚，茗鼎茶业有限公司茶叶自动防霜系统和喷滴灌系统
	锡山	无锡圩厍水产远程视频监控、无锡荣善食用菌温湿监控
	江阴	申港长江三鲜（水产养殖智能监控系统）、云亭定海猪场（质量追溯系统）
	惠山	天蓝地绿物联网技术应用示范基地、阳山水蜜桃物联网
镇江市	丹阳	江苏江南生物有限公司、康乐农牧公司荣鑫牧业三家物联网技术应用
	句容	岩腾千亩有机蔬菜可视化智能感知系统
	扬中	扬中市雪蓝蛋鸡专业合作社
	京口	恒伟物流公司的区域物流公共信息平台等 4 个点
常州市	溧阳	溧阳市乾丰养猪场、溧阳市绿洲园艺有限公司的大棚蔬菜生产管理监控系统
	金坛	金坛市耕地地力查询系统
	武进	猪场、奶牛场、水产养殖等智能农业点
	新北	新北区农产品质量安全监管系统
苏州市	吴中	江苏省现代渔业示范区应用水质在线监测系统、水产品质量安全可追溯系统
	相城	望亭虞河设施蔬菜、阳澄湖现代农业产业园的农业物联网
	太仓	太仓市现代农业园区蔬菜肥水智能灌溉系统
	张家港	永联现代粮食基地、现代农业示范园区水产育苗基地
	吴江	吴江市土壤查询系统、精确农业栽培种植技术查询系统
	昆山	玉叶基地物联网信息工程项目、昆山阳澄湖现代渔业产业园水产养殖环境监控系统
	常熟	常熟市董浜镇现代农业园区项目

苏中智能农业系统一览表

市	区/县	智能农业项目
南通市	通州	台创园展示中心、骑岸江海肉鸡场
	海门	羚杰智能化管理、兴旺智能化养殖
	如皋	省农业三项工程项目《基于模型的稻麦精确管理技术开发应用》如皋示范区《南通裕康牧业肉鸡标准化示范场智能管理系统》项目
	如东	众发禽业
	海安	小麦苗情远程监控网络与诊断系统、海安县方祥禽业公司和孙爱娟养鸡场物联网智能畜禽养殖信息系统
泰州市	海陵	海陵区农业科技示范园
	兴化	兴化市钓鱼镇绿园果蔬专业合作社、临城镇泓膏生态园
	靖江	森奈尔苗木基地、金星休闲农庄
	姜堰	设施蔬菜生产中的物联网技术、肉鸽、蛋鸽生产中的远程智能控制系统
扬州市	扬州	扬州数字化测土配方施肥技术推广
	仪征市	测土配方、田间病虫互联网监控
	高邮市	测土配方、田间病虫互联网监控

苏北智能农业系统一览表

市	区/县	智能农业项目
淮安市	金湖	金湖蔬菜产业园区、天华牧业、文忠养鸭合作社
	青浦	盐河李元猪场电子监控、盐河王元示范园区
	盱眙	盐河李元猪场电子监控盐河王元示范园区
	洪泽	洪泽湖水产大市场的电子商务平台
	淮安	饲料自动给喂系统、疫病诊断与防控系统、自动挤奶系统、质量追溯系统、渔船管理系统、农业专家系统、测土配方施肥系统
连云港市	灌云	畜产品远程监视系统、智能温室
宿迁市	宿豫	宿豫区禽类防疫视频监控中心、宿迁农家乐园农业信息专业合作社
	宿城	宿迁百利农业发展有限公司的节水、精水农业、江苏天健生物科技有限公司工厂化食用菌生产技术

续表

市	区/县	智能农业项目
徐州市	丰县	智能农业应用点 8 个（种植业 5 个，奶牛养殖场 1 个，水产养殖 1 个、肉羊养殖场 1 个），每个应用点根据种养殖需要配置了远程视频监控系统、生产环境因子采集系统、专家系统等
	新沂	新沂市棋盘镇富景生态园的智能温室
	睢宁	睢宁县坤特种苗中心的育苗温室
	贾汪	农业远程监控系统 3 个、丰硕农业设施蔬菜物联网监测系统
盐城市	东台	覆盖种植业、畜牧业、水产等共 25 个信息智能技术应用点
	阜宁	温度、湿度监控与控制应用
	射阳	覆盖畜禽等共 10 个信息智能技术应用点
	亭湖	黄尖 QX 系列多媒体触摸屏系统
	大丰	应用在生猪、水产养殖的视频监控点 15 个
	建湖	覆盖种植业、畜牧业、水产等共 25 个信息智能技术应用点
	盐都	覆盖种植业、畜牧业、水产等共 25 个信息智能技术应用点

4. 农村用户利用农业信息服务数据

丰县农业信息用户日常使用的农业信息平台

信息平台	频繁使用 ≥10 次/月	较频繁使用 5~9 次/月	一般使用 2~4 次/月	较少使用 ≤1 次/月	从不使用
农业网站信息服务	31.76%	23.33%	21.67%	5.00%	1.67%
农业短信息服务	32.78%	23.33%	20.00%	5.00%	6.67%
农业电话热线服务	8.27%	13.33%	20.00%	28.33%	26.67%
农业电视栏目服务	25.88%	10.00%	23.33%	5.00%	15.00%
农业视频点播服务	5.98%	10.00%	20.00%	26.67%	31.67%
乡镇村信息服务站	28.03%	18.33%	20.00%	10.00%	13.33%
农业信息化装备	11.99%	10.00%	23.33%	20.00%	35.00%
农家书屋	14.55%	13.33%	25.00%	23.33%	8.33%
图书馆/室	7.62%	10.17%	27.12%	22.03%	23.73%

丰县农业信息用户对农业信息平台服务的满意度

信息平台	非常满意	比较满意	一般	较不满意	非常不满意
农业网站信息服务	57.63%	28.81%	11.86%	1.69%	0.00%
农业短信息服务	60.71%	23.21%	14.29%	1.79%	0.00%
农业电话热线服务	29.79%	29.79%	36.17%	2.13%	2.13%
农业电视栏目服务	54.00%	28.00%	18.00%	0.00%	0.00%
农业视频点播服务	24.39%	31.71%	39.02%	4.88%	0.00%
乡镇村信息服务站	58.82%	27.45%	13.73%	0.00%	0.00%
农业信息化装备	30.95%	35.71%	30.95%	0.00%	0.00%
农家书屋	40.74%	25.93%	33.33%	0.00%	0.00%
图书馆/室	26.67%	38.87%	40.00%	0.00%	0.00%

赣榆农业信息用户日常使用的农业信息平台

信息平台	频繁使用 ≥10 次/月	较频繁使用 5~9 次/月	一般使用 2~4 次/月	较少使用 ≤1 次/月	从不使用
农业网站信息服务	19.05%	9.52%	26.19%	21.43%	23.81%
农业短信息服务	26.83%	19.51%	24.39%	9.76%	19.51%
农业电话热线服务	4.88%	12.20%	21.95%	26.83%	34.15%
农业电视栏目服务	19.05%	21.43%	40.48%	9.52%	9.52%
农业视频点播服务	2.56%	15.38%	23.08%	15.38%	43.59%
乡镇村信息服务站	20.51%	12.82%	28.21%	20.51%	17.95%
农业信息化装备	7.69%	2.56%	7.69%	23.08%	58.97%
农家书屋	15.91%	20.45%	31.82%	18.18%	13.64%
图书馆/室	2.50%	15.00%	20.00%	27.50%	35.00%

赣榆农业信息用户对农业信息平台服务的满意度

信息平台	非常满意	比较满意	一般	较不满意	非常不满意
农业网站信息服务	35.48%	41.94%	19.35%	3.23%	0.00%
农业短信息服务	27.27%	51.52%	15.15%	6.06%	0.00%
农业电话热线服务	13.33%	33.33%	33.33%	13.33%	6.67%
农业电视栏目服务	32.43%	32.43%	32.43%	2.70%	0.00%
农业视频点播服务	4.35%	39.13%	56.52%	0.00%	0.00%
乡镇村信息服务站	18.75%	50.00%	25.00%	3.13%	3.13%
农业信息化装备	20.00%	30.00%	40.00%	5.00%	5.00%
农家书屋	27.78%	36.11%	33.33%	0.00%	2.78%
图书馆/室	15.38%	30.77%	50.00%	0.00%	3.85%

金湖农业信息用户日常使用的农业信息平台

信息平台	频繁使用 ≥10 次/月	较频繁使用 5~9 次/月	一般使用 2~4 次/月	较少使用 ≤1 次/月	从不使用
农业网站信息服务	18.52%	14.81%	20.37%	9.26%	37.04%
农业短信息服务	12.96%	12.96%	38.89%	14.81%	20.37%
农业电话热线服务	3.77%	5.66%	22.64%	18.87%	49.06%
农业电视栏目服务	24.07%	7.41%	27.78%	18.52%	22.22%
农业视频点播服务	9.26%	7.41%	11.11%	16.67%	55.56%
乡镇村信息服务站	9.26%	20.37%	16.67%	7.41%	44.44%
农业信息化装备	7.55%	3.77%	16.98%	11.32%	60.38%
农家书屋	9.26%	7.41%	18.52%	16.67%	46.30%
图书馆/室	5.56%	7.41%	20.37%	11.11%	55.56%

金湖农业信息用户对农业信息平台服务的满意度

信息平台	非常满意	比较满意	一般	较不满意	非常不满意
农业网站信息服务	14.71%	52.94%	29.41%	2.94%	0.00%
农业短信息服务	20.93%	41.86%	25.58%	9.30%	2.33%
农业电话热线服务	15.38%	30.77%	34.62%	7.69%	11.54%
农业电视栏目服务	22.73%	36.36%	31.82%	4.55%	4.55%
农业视频点播服务	11.54%	42.31%	34.62%	11.54%	0.00%
乡镇村信息服务站	15.63%	31.25%	40.63%	6.25%	6.25%
农业信息化装备	10.00%	40.00%	30.00%	15.00%	5.00%
农家书屋	10.71%	35.71%	32.14%	14.29%	7.14%
图书馆/室	11.11%	29.63%	44.44%	7.41%	7.41%

通州农业信息用户日常使用的农业信息平台

信息平台	频繁使用 ≥10 次/月	较频繁使用 5~9 次/月	一般使用 2~4 次/月	较少使用 ≤1 次/月	从不使用
农业网站信息服务	33.96%	30.19%	18.87%	3.77%	13.21%
农业短信息服务	58.49%	28.30%	13.21%	0%	0%
农业电话热线服务	16.98%	26.42%	30.19%	15.09%	11.32%
农业电视栏目服务	16.98%	39.62%	35.85%	5.66%	1.89%
农业视频点播服务	13.21%	13.21%	24.53%	9.43%	39.62%
乡镇村信息服务站	43.40%	32.08%	24.53%	0%	0%
农业信息化装备	5.66%	15.09%	41.51%	7.55%	30.19%
农家书屋	30.19%	24.53%	35.85%	1.89%	7.55%
图书馆/室	13.21%	13.21%	33.96%	11.32%	28.30%

通州农业信息用户对农业信息平台服务的满意度

信息平台	非常满意	比较满意	一般	较不满意	非常不满意
农业网站信息服务	56.52%	39.13%	4.35%	0%	0%
农业短信息服务	69.81%	26.42%	3.77%	0%	0%
农业电话热线服务	40.43%	38.30%	21.28%	0%	0%
农业电视栏目服务	42.31%	48.08%	7.69%	1.92%	0%
农业视频点播服务	32.35%	41.18%	26.47%	0%	0%
乡镇村信息服务站	64.15%	30.19%	5.66%	0%	0%
农业信息化装备	28.21%	43.59%	23.08%	5.13%	0%
农家书屋	30.00%	52.00%	16.00%	2.00%	0%
图书馆/室	26.83%	39.02%	34.15%	0%	0%

靖江农业信息用户日常使用的农业信息平台

信息平台	频繁使用 ≥10 次/月	较频繁使用 5~9 次/月	一般使用 2~4 次/月	较少使用 ≤1 次/月	从不使用
农业网站信息服务	34.55%	27.27%	18.18%	9.09%	10.91%
农业短信息服务	25.45%	27.27%	36.36%	5.45%	5.45%
农业电话热线服务	18.52%	16.67%	35.19%	16.67%	12.96%
农业电视栏目服务	29.09%	29.09%	32.73%	5.77%	3.64%
农业视频点播服务	0%	17.31%	38.46%	5.77%	38.46%
乡镇村信息服务站	32.73%	25.45%	23.64%	0%	18.18%
农业信息化装备	11.32%	11.32%	24.53%	13.21%	39.42%
农家书屋	5.45%	27.27%	36.36%	5.45%	25.45%
图书馆/室	1.82%	25.45%	34.55%	5.45%	32.73%

靖江农业信息用户对农业信息平台服务的满意度

信息平台	非常满意	比较满意	一般	较不满意	非常不满意
农业网站信息服务	40.82%	51.02%	0%	8.16%	0%
农业短信息服务	36.54%	38.46%	23.08%	1.92%	0%
农业电话热线服务	33.33%	35.42%	22.92%	8.33%	0%
农业电视栏目服务	29.63%	57.41%	11.11%	1.85%	0%
农业视频点播服务	12.50%	50.00%	31.25%	6.25%	0%
乡镇村信息服务站	58.78%	33.33%	8.89%	0%	0%
农业信息化装备	18.92%	51.35%	27.03%	2.70%	0%
农家书屋	17.07%	68.29%	12.20%	2.44%	0%
图书馆/室	7.89%	68.42%	21.05%	2.63%	0%

太仓农业信息用户日常使用的农业信息平台

信息平台	频繁使用 ≥10 次/月	较频繁使用 5~9 次/月	一般使用 2~4 次/月	较少使用 ≤1 次/月	从不使用
农业网站信息服务	40.38%	17.31%	19.23%	7.69%	15.38%
农业短信息服务	30.77%	34.62%	17.31%	5.77%	11.54%
农业电话热线服务	1.92%	17.31%	19.23%	17.31%	44.23%
农业电视栏目服务	31.37%	25.49%	17.65%	17.65%	7.84%
农业视频点播服务	1.96%	11.76%	17.65%	23.53%	45.10%
乡镇村信息服务站	19.61%	27.45%	27.45%	9.80%	15.69%
农业信息化装备	17.65%	11.76%	9.80%	23.53%	37.25%
农家书屋	7.84%	15.69%	25.49%	15.69%	35.29%
图书馆/室	1.96%	9.80%	33.33%	13.73%	41.18%

太仓农业信息用户对农业信息平台服务的满意度

信息平台	非常满意	比较满意	一般	较不满意	非常不满意
农业网站信息服务	45.45%	38.64%	15.91%	0.00%	0.00%
农业短信息服务	47.83%	43.48%	6.52%	2.17%	0.00%
农业电话热线服务	10.34%	55.17%	34.48%	0.00%	0.00%
农业电视栏目服务	34.04%	38.30%	25.53%	0.00%	2.13%
农业视频点播服务	43.8%	31.25%	25.00%	0.00%	0.00%
乡镇村信息服务站	62.50%	40.63%	28.13%	0.00%	3.13%
农业信息化装备	15.63%	25.00%	59.38%	0.00%	0.00%
农家书屋	11.76%	38.24%	50.00%	0.00%	0.00%
图书馆/室	12.90%	32.26%	54.84%	0.00%	0.00%

丹阳农业信息用户日常使用的农业信息平台

信息平台	频繁使用 ≥10 次/月	较频繁使用 5~9 次/月	一般使用 2~4 次/月	较少使用 ≤1 次/月	从不使用
农业网站信息服务	28.40%	16.05%	25.93%	9.88%	19.75%
农业短信息服务	37.04%	34.57%	17.28%	3.70%	7.41%
农业电话热线服务	3.66%	8.54%	23.17%	24.39%	40.24%
农业电视栏目服务	20.73%	18.29%	36.59%	14.63%	9.76%
农业视频点播服务	4.94%	11.11%	12.35%	23.46%	48.15%
乡镇村信息服务站	25.93%	19.75%	25.93%	12.35%	16.05%
农业信息化装备	21.25%	12.50%	8.75%	5.00%	52.50%
农家书屋	7.41%	7.41%	17.28%	24.69%	43.21%
图书馆/室	6.17%	12.35%	11.11%	12.35%	58.02%

丹阳农业信息用户对农业信息平台服务的满意度

信息平台	非常满意	比较满意	一般	较不满意	非常不满意
农业网站信息服务	29.23%	35.38%	27.69%	7.69%	0.00%
农业短信息服务	48.00%	28.00%	20.00%	4.00%	0.00%
农业电话热线服务	10.20%	32.65%	42.86%	14.29%	0.00%
农业电视栏目服务	27.03%	33.78%	36.49%	2.70%	0.00%
农业视频点播服务	4.76%	30.95%	52.38%	11.90%	0.00%
乡镇村信息服务站	26.47%	41.18%	29.41%	2.94%	0.00%
农业信息化装备	30.77%	41.03%	25.64%	2.56%	0.00%
农家书屋	8.70%	32.61%	36.96%	21.74%	0.00%
图书馆/室	8.82%	35.29%	44.12%	11.76%	0.00%

农业信息用户日常使用的农业信息内容（1）

调查地区	农业新闻	农业政策	种植业信息	设施园艺信息	畜禽养殖业信息
丰县	68.33%	71.67%	68.33%	16.67%	35.00%
金湖	53.19%	63.83%	74.47%	12.77%	36.17%
赣榆	53.70%	51.85%	53.70%	25.93%	35.19%
通州	75.47%	83.02%	75.47%	24.53%	43.40%
靖江	69.09%	49.09%	58.18%	27.27%	47.27%
太仓	82.69%	63.46%	61.54%	25.00%	28.85%
丹阳	58.54%	70.73%	54.88%	14.63%	19.51%

农业信息用户日常使用的农业信息内容（2）

调查地区	水产养殖业信息	农村电子商务信息	农产品市场与流通信息	农产品质量安全与追溯信息
丰县	1.67%	13.33%	68.33%	38.33%
金湖	27.66%	0.00%	40.43%	14.89%
赣榆	22.22%	14.81%	42.59%	25.93%
通州	18.87%	13.21%	66.04%	50.94%
靖江	50.91%	7.27%	47.27%	18.18%
太仓	21.15%	9.62%	63.46%	40.38%
丹阳	31.71%	15.85%	54.88%	31.71%

农业信息用户日常使用的农业信息内容来源（1）

调查地区	当地政府	省市县农业信息中心	乡镇农业信息服务站	村、社区信息服务点
丰县	51.67%	61.67%	75.00%	35.00%
金湖	48.94%	53.19%	61.70%	8.51%
赣榆	37.04%	46.30%	59.26%	18.52%
通州	79.25%	81.13%	88.68%	58.49%
靖江	60.00%	47.27%	72.73%	45.45%
太仓	71.15%	69.23%	65.38%	38.46%
丹阳	56.10%	45.12%	69.51%	18.29%

农业信息用户日常使用的农业信息内容来源（2）

调查地区	农业科技部门	高校	电信运营商	图书馆	农家书屋	农业信息服务企业
丰县	55.00%	3.33%	36.67%	16.67%	43.33%	20.00%
金湖	44.68%	0.00%	14.89%	4.26%	29.79%	0.00%
赣榆	38.89%	14.81%	31.48%	11.11%	22.22%	11.11%
通州	58.49%	5.66%	56.60%	16.98%	52.83%	18.87%
靖江	54.55%	1.82%	36.36%	18.18%	23.64%	10.91%
太仓	65.38%	15.38%	28.85%	9.62%	21.15%	9.62%
丹阳	40.24%	7.32%	15.85%	4.88%	4.88%	15.85%

5. 江苏省农村信息化应用示范基地名录

2011年度省农村信息化应用示范基地名单

南京市：六合区金牛湖街道

徐州市：铜山区三堡镇、邳州市宿羊山镇

无锡市：宜兴市高塍镇

常州市：武进区洛阳镇岑村

苏州市：常熟市古里镇、张家港市南丰镇永联村

南通市：港闸区唐闸镇街道、如东市掘港镇

连云港市：赣榆县青口镇、赣榆县柘汪镇

淮安市：楚州区苏嘴镇

盐城市：亭湖区盐东镇、盐都区郭猛镇、滨海县东罾村

扬州市：江都市小纪镇

镇江市：丹阳市皇塘镇、扬中市三茅街道、丹阳市云阳镇迈村村

泰州市：靖江市西来镇、高港区口岸街道、泰兴市宣堡镇郭寨村

宿迁市：沭阳县新河镇

2012 年度省农村信息化应用示范基地名单

南京市：六合区马集镇皇岗村、江宁区汤山街道孟墓社区、高淳县淳溪镇宝塔村、高淳县桠溪镇蓝溪村

无锡市：江阴市新桥镇、惠山区阳山桃文化博览园、宜兴市杨巷镇

徐州市：睢宁县睢城镇、邳州市铁富镇

常州市：武进区雪堰镇、武进区牛塘镇卢西村、武进区邹区镇龙潭村、钟楼区五星街道新农村

苏州市：太仓市城厢镇东林村、常熟市董浜镇、吴中区临湖镇牛桥村

南通市：港闸区陈桥街道、通州区四安镇、通州区金沙镇

连云港市：灌云县伊山镇、东海县牛山镇、赣榆县城头镇

淮安市：洪泽县岔河镇、涟水县红窑镇、淮安区施河镇

盐城市：亭湖区南洋镇

扬州市：广陵区沙头镇、仪征市新集镇、江都区仙女镇、扬州经济技术开发区施桥镇普照村

镇江市：丹阳市珥陵镇、丹徒区宝堰镇、润州区蒋乔街道嶂山村

泰州市：靖江市东兴镇、兴化市大垛镇管院村、泰兴市黄桥镇祁巷村

宿迁市：沭阳县庙头镇、宿城区双庄镇苏苑社区

6. 江苏农村科技服务超市分店、便利店名单

江苏农村科技服务超市分店名单

1	江苏农村科技服务超市江宁设施蔬菜产业分店	江宁区科技局	南京市
2	江苏农村科技服务超市溧水经济林果产业分店	溧水县科技局	
3	江苏农村科技服务超市浦口苗木花卉产业分店	浦口区科技局	
4	江苏农村科技服务超市农技综合服务分店	江苏省农科院	
5	江苏农村科技服务超市太仓设施蔬菜产业分店	太仓市科技局	苏州市
6	江苏农村科技服务超市昆山苗木花卉产业分店	昆山市科技局	
7	江苏农村科技服务超市吴江特种水产产业分店	吴江市科技局	
8	江苏农村科技服务超市常熟特种水产产业分店	常熟市科技局	
9	江苏农村科技服务超市宜兴生物肥料产业分店	宜兴市科技局	无锡市
10	江苏农村科技服务超市滨湖茶产业分店	滨湖区科技局	
11	江苏农村科技服务超市金坛葡萄产业分店	金坛市科技局	常州市
12	江苏农村科技服务超市金坛茶产业分店	金坛市科技局	
13	江苏农村科技服务超市溧阳特种水产产业分店	溧阳市科技局	
14	江苏农村科技服务超市武进苗木花卉产业分店	武进区科技局	
15	江苏农村科技服务超市钟楼服务产业分店	钟楼区科技局	
16	江苏农村科技服务超市丹阳食用菌产业分店	丹阳市科技局	镇江市
17	江苏农村科技服务超市丹阳茶产业分店	丹阳市科技局	
18	江苏农村科技服务超市句容经济林果产业分店	句容市科技局	
19	江苏农村科技服务超市高邮分店	高邮市科技局	扬州市
20	江苏农村科技服务超市邗江设施蔬菜产业分店	邗江区科技局	
21	江苏农村科技服务超市仪征经济林果产业分店	仪征市科技局	
22	江苏农村科技服务超市江都苗木花卉产业分店	江都市科技局	
23	江苏农村科技服务超市宝应特种水产产业分店	宝应县科技局	
24	江苏农村科技服务超市靖江香沙芋产业分店	靖江市科技局	泰州市
25	江苏农村科技服务超市泰兴设施蔬菜产业分店	泰兴市科技局	
26	江苏农村科技服务超市兴化特种水产产业分店	兴化市科技局	
27	江苏农村科技服务超市姜堰设施蔬菜产业分店	姜堰市科技局	
28	江苏农村科技服务超市如东分店	如东县科技局	南通市
29	江苏农村科技服务超市海安桑蚕产业分店	海安县科技局	

续表

序号	分店名单	主管部门	地区
30	江苏农村科技服务超市海门肉鸡产业分店	海门市科技局	
31	江苏农村科技服务超市如皋特色畜禽产业分店	如皋市科技局	
32	江苏农村科技服务超市如皋苗木花卉产业分店	如皋市科技局	
33	江苏农村科技服务超市启东设施蔬菜产业分店	启东市科技局	
34	江苏农村科技服务超市通州农资产业分店	通州区科技局	
35	江苏农村科技服务超市亭湖分店	盐城市科技局	盐城市
36	江苏农村科技服务超市东台分店	东台市科技局	
37	江苏农村科技服务超市大丰分店	大丰市科技局	
38	江苏农村科技服务超市射阳分店	射阳县科技局	
39	江苏农村科技服务超市东台设施蔬菜产业分店	东台市科技局	
40	江苏农村科技服务超市建湖特色畜禽产业分店	建湖县科技局	
41	江苏农村科技服务超市滨海中药材产业分店	滨海县科技局	
42	江苏农村科技服务超市沛县分店	沛县科技局	徐州市
43	江苏农村科技服务超市邳州分店	邳州市科技局	
44	江苏农村科技服务超市贾汪设施蔬菜产业分店	贾汪区科技局	
45	江苏农村科技服务超市新沂特色畜禽产业分店	新沂市科技局	
46	江苏农村科技服务超市铜山奶牛产业分店	铜山区科技局	
47	江苏农村科技服务超市睢宁特色畜禽产业分店	睢宁县科技局	
48	江苏农村科技服务超市丰县种羊产业分店	丰县科技局	
49	江苏农村科技服务超市沭阳分店	沭阳县科技局	宿迁市
50	江苏农村科技服务超市宿豫特色畜禽产业分店	宿豫区科技局	
51	江苏农村科技服务超市泗洪特种水产产业分店	泗洪县科技局	
52	江苏农村科技服务超市灌云分店	灌云县科技局	连云港市
53	江苏农村科技服务超市灌南分店	灌南县科技局	
54	江苏农村科技服务超市赣榆特种水产产业分店	赣榆县科技局	
55	江苏农村科技服务超市连云特种水产产业分店	连云区科技局	
56	江苏农村科技服务超市新浦设施蔬菜产业分店	新浦区科技局	
57	江苏农村科技服务超市灌南特色畜禽产业分店	灌南县科技局	
58	江苏农村科技服务超市东海苗木花卉产业分店	东海县科技局	
59	江苏农村科技服务超市金湖分店	金湖县科技局	淮安市
60	江苏农村科技服务超市洪泽分店	洪泽县科技局	
61	江苏农村科技服务超市泗阳分店	泗阳县科技局	
62	江苏农村科技服务超市淮阴设施蔬菜产业分店	淮阴区科技局	

续表

序号	分店名单	主管部门	地区
63	江苏农村科技服务超市楚州设施蔬菜产业分店	楚州区科技局	
64	江苏农村科技服务超市青浦设施蔬菜产业分店	清浦区科技局	
65	江苏农村科技服务超市清河特色畜禽产业分店	清河区科技局	
66	江苏农村科技服务超市涟水意杨加工产业分店	涟水县科技局	
67	江苏农村科技服务超市盱眙特种水产产业分店	盱眙县科技局	

江苏农村科技服务超市便利店名单

序号	便利店名单	主管部门	地区
1	江苏农村科技服务超市横溪街道设施蔬菜产业便利店	江宁区科技局	南京市
2	江苏农村科技服务超市谷里街道设施蔬菜产业便利店	江宁区科技局	
3	江苏农村科技服务超市埭头农资服务便利店	江苏省农科院	
4	江苏农村科技服务超市曹庄农资服务便利店	江苏省农科院	
5	江苏农村科技服务超市丁堰农资服务便利店	江苏省农科院	
6	江苏农村科技服务超市任口农资服务便利店	江苏省农科院	
7	江苏农村科技服务超市下车农资服务便利店	江苏省农科院	
8	江苏农村科技服务超市滨海果林农资服务便利店	江苏省农科院	
9	江苏农村科技服务超市滨海太丰农资服务便利店	江苏省农科院	
10	江苏农村科技服务超市车逻农资服务便利店	江苏省农科院	
11	江苏农村科技服务超市傅家边村经济林果产业便利店	溧水县科技局	
12	江苏农村科技服务超市绿星公司经济林果产业便利店	溧水县科技局	
13	江苏农村科技服务超市辛庄镇特种水产产业便利店	常熟市科技局	苏州市
14	江苏农村科技服务超市支塘镇特种水产产业便利店	常熟市科技局	
15	江苏农村科技服务超市沙家浜镇特种水产产业便利店	常熟市科技局	
16	江苏农村科技服务超市新华联合生物科技公司苗木花卉产业便利店	昆山市科技局	
17	江苏农村科技服务超市虹越花卉公司便利店	昆山市科技局	
18	江苏农村科技服务超市沙溪镇设施蔬菜产业便利店	太仓市科技局	
19	江苏农村科技服务超市潢泾镇设施蔬菜产业便利店	太仓市科技局	
20	江苏农村科技服务超市城厢镇葡萄产业便利店	太仓市科技局	
21	江苏农村科技服务超市平望镇特种水产产业便利店	吴江市科技局	
22	江苏农村科技服务超市杨舍镇葡萄产业便利店	张家港市科技局	

续表

序号	便利店名单	主管部门	地区
23	江苏农村科技服务超市后亭村食用菌产业便利店	丹阳市科技局	镇江市
24	江苏农村科技服务超市鹤溪村食用菌产业便利店	丹阳市科技局	
25	江苏农村科技服务超市云阳镇茶产业便利店	丹阳市科技局	
26	江苏农村科技服务超市延陵镇茶产业便利店	丹阳市科技局	
27	江苏农村科技服务超市白兔镇经济林果产业便利店	句容市科技局	
28	江苏农村科技服务超市后白镇经济林果产业便利店	句容市科技局	
29	江苏农村科技服务超市天王镇经济林果产业便利店	句容市科技局	
30	江苏农村科技服务超市马山镇茶产业便利店	滨湖区科技局	无锡市
31	江苏农村科技服务超市锡山区茶产业便利店	锡山区科技局	
32	江苏农村科技服务超市张渚镇茶产业便利店	宜兴市科技局	
33	江苏农村科技服务超市天目湖经济林果产业便利店	溧阳市科技局	常州市
34	江苏农村科技服务超市安宜镇特种水产产业便利店	宝应县科技局	扬州市
35	江苏农村科技服务超市宝应湖大闸蟹产销专业合作社便利店	宝应县科技局	
36	江苏农村科技服务超市送桥便利店	高邮市科技局	
37	江苏农村科技服务超市沙头生态农业公司设施蔬菜产业便利店	邗江区科技局	
38	江苏农村科技服务超市三江农业科技发展公司设施蔬菜产业便利店	邗江区科技局	
39	江苏农村科技服务超市蓓蕾卉木盆景公司便利店	江都市科技局	
40	江苏农村科技服务超市同富水产养殖专业合作社便利店	兴化市科技局	
41	江苏农村科技服务超市益佳水产品专业合作社便利店	兴化市科技局	
42	江苏农村科技服务超市谢集镇经济林果产业便利店	仪征市科技局	
43	江苏农村科技服务超市溱潼镇设施蔬菜产业便利店	姜堰市科技局	泰州市
44	江苏农村科技服务超市桥头镇食用菌产业便利店	姜堰市科技局	
45	江苏农村科技服务超市天禾农业生态园设施蔬菜产业便利店	姜堰市科技局	
46	江苏农村科技服务超市红芽香沙芋专业合作便利店	靖江市科技局	
47	江苏农村科技服务超市红芽香沙芋专业合作社常胜分社便利店	靖江市科技局	
48	江苏农村科技服务超市泰兴果园场设施蔬菜产业便利店	泰兴市科技局	
49	江苏农村科技服务超市元竹镇泰元泰畜禽养殖专业合作社便利店	泰兴市科技局	
50	江苏农村科技服务超市鑫晨农业科技公司设施蔬菜产业便利店	泰兴市科技局	
51	江苏农村科技服务超市李堡镇桑蚕产业便利店	海安县科技局	南通市
52	江苏农村科技服务超市南莫镇桑蚕产业便利店	海安县科技局	
53	江苏农村科技服务超市三厂镇肉鸡产业便利店	海门市科技局	
54	江苏农村科技服务超市江滨镇肉鸡产业便利店	海门市科技局	

续表

序号	便利店名单	主管部门	地区
55	江苏农村科技服务超市汇龙镇设施蔬菜产业便利店	启东市科技局	
56	江苏农村科技服务超市王鲍镇设施蔬菜产业便利店	启东市科技局	
57	江苏农村科技服务超市掘港便利店	如东县科技局	
58	江苏农村科技服务超市下原镇特色畜禽产业便利店	如皋市科技局	
59	江苏农村科技服务超市搬经镇生猪产业便利店	如皋市科技局	
60	江苏农村科技服务超市丁堰镇特色畜禽产业便利店	如皋市科技局	
61	江苏农村科技服务超市东陈镇苗木花卉产业便利店	如皋市科技局	
62	江苏农村科技服务超市林梓镇苗木花卉产业便利店	如皋市科技局	
63	江苏农村科技服务超市金沙镇农资产业便利店	通州区科技局	
64	江苏农村科技服务超市三余镇农资产业便利店	通州区科技局	
65	江苏农村科技服务超市石港镇农资产业便利店	通州区科技局	
66	江苏农村科技服务超市沿海首乌专业合作社便利店	滨海县科技局	盐城市
67	江苏农村科技服务超市裕华便利店	大丰市科技局	
68	江苏农村科技服务超市新丰便利店	大丰市科技局	
69	江苏农村科技服务超市南阳便利店	大丰市科技局	
70	江苏农村科技服务超市梁垛便利店	东台市科技局	
71	江苏农村科技服务超市东台（镇）便利店	东台市科技局	
72	江苏农村科技服务超市三仓便利店	东台市科技局	
73	江苏农村科技服务超市新街镇设施蔬菜产业便利店	东台市科技局	
74	江苏农村科技服务超市梁垛镇设施蔬菜产业便利店	东台市科技局	
75	江苏农村科技服务超市安丰镇桑蚕产业便利店	东台市科技局	
76	江苏农村科技服务超市富东镇桑蚕产业便利店	东台市科技局	
77	江苏农村科技服务超市许河镇桑蚕产业便利店	东台市科技局	
78	江苏农村科技服务超市唐洋镇桑蚕产业便利店	东台市科技局	
79	江苏农村科技服务超市三仓镇桑蚕产业便利店	东台市科技局	
80	江苏农村科技服务超市新街镇桑蚕产业便利店	东台市科技局	
81	江苏农村科技服务超市沈灶镇桑蚕产业便利店	东台市科技局	
82	江苏农村科技服务超市新曹镇桑蚕产业便利店	东台市科技局	
83	江苏农村科技服务超市钟庄镇特色畜禽产业便利店	建湖县科技局	
84	江苏农村科技服务超市岗西镇特色畜禽产业便利店	建湖县科技局	
85	江苏农村科技服务超市洋马便利店	射阳县科技局	
86	江苏农村科技服务超市海通便利店	射阳县科技局	

续表

序号	便利店名单	主管部门	地区
87	江苏农村科技服务超市兴桥便利店	射阳县科技局	
88	江苏农村科技服务超市永丰便利店	盐城市科技局	
89	江苏农村科技服务超市梁寨镇羊业便利店	丰县科技局	徐州市
90	江苏农村科技服务超市紫庄镇设施蔬菜产业便利店	贾汪区科技局	
91	江苏省农村科技服务超市耿集镇设施蔬菜产业便利店	贾汪区科技局	
92	江苏省农村科技服务超市贾汪区鹿楼石榴种植专业合作社便利店	贾汪区科技局	
93	江苏农村科技服务超市沛城便利店	沛县科技局	
94	江苏农村科技服务超市金牌兽药公司便利店	沛县科技局	
95	江苏农村科技服务超市张庄便利店	沛县科技局	
96	江苏农村科技服务超市绿之野生物食品公司便利店	邳州市科技局	
97	江苏农村科技服务超市盛和木业公司便利店	邳州市科技局	
98	江苏农村科技服务超市红光奶牛饲养专业合作社便利店	睢宁县科技局	
99	江苏农村科技服务超市申宁肉羊产业公司便利店	睢宁县科技局	
100	江苏农村科技服务超市远鸿食品公司特色畜禽产业便利店	睢宁县科技局	
101	江苏农村科技服务超市三堡镇奶牛产业便利店	铜山区科技局	
102	江苏省农村服务超市明帝食品公司特色畜禽产业便利店	新沂市科技局	
103	江苏农村科技服务超市扎下便利店	沭阳县科技局	宿迁市
104	江苏农村科技服务超市颜集便利店	沭阳县科技局	
105	江苏农村科技服务超市潼阳便利店	沭阳县科技局	
106	江苏农村科技服务超市金水特种水产养殖公司便利店	泗洪县科技局	
107	江苏农村科技服务超市山左口乡苗木花卉产业便利店	东海县科技局	连云港市
108	江苏农村科技服务超市石梁河镇葡萄产业便利店	东海县科技局	
109	江苏农村科技服务超市双店镇苗木花卉产业便利店	东海县科技局	
110	江苏农村科技服务超市黄川镇草莓产业便利店	东海县科技局	
111	江苏农村科技服务超市宋庄镇特种水产产业便利店	赣榆县科技局	
112	江苏农村科技服务超市墩尚镇特种水产产业便利店	赣榆县科技局	
113	江苏农村科技服务超市青口镇特种水产产业便利店	赣榆县科技局	
114	江苏农村科技服务超市李集便利店	灌南县科技局	
115	江苏农村科技服务超市花园便利店	灌南县科技局	
116	江苏农村科技服务超市百禄镇奶牛产业便利店	灌南县科技局	
117	江苏农村科技服务超市三口镇生猪产业便利店	灌南县科技局	
118	江苏农科科技服务超市董王便利店	灌云县科技局	

续表

序号	便利店名单	主管部门	地区
119	江苏农科科技服务超市许相便利店	灌云县科技局	
120	江苏农科科技服务超市石门便利店	灌云县科技局	
121	江苏农科科技服务超市伊山便利店	灌云县科技局	
122	江苏农村科技服务超市侍庄乡特色畜禽产业便利店	灌云县科技局	
123	江苏农村科技服务超市杨集镇设施蔬菜产业便利店	灌云县科技局	
124	江苏农村科技服务超市四队镇西瓜产业便利店	灌云县科技局	
125	江苏农村科技服务超市小伊镇食用菌产业便利店	灌云县科技局	
126	江苏农村科技服务超市下车乡大宗农作物产业便利店	灌云县科技局	
127	江苏农村科技服务超市越光种业公司便利店	灌云县科技局	
128	江苏农村科技服务超市同兴镇苗木花卉产业便利店	灌云县科技局	
129	江苏农村科技服务超市振兴恒巨生物科技公司苗木花卉产业便利店	海州区科技局	
130	江苏农村科技服务超市高公岛镇特种水产产业便利店	连云区科技局	
131	江苏农村科技服务超市金海地食品公司特种水产产业便利店	连云区科技局	
132	江苏农村科技服务超市板桥街道特种水产产业便利店	连云区科技局	
133	江苏农村科技服务超市浦南镇食用菌产业便利店	新浦区科技局	
134	江苏农村科技服务超市云盛果蔬食品公司便利店	新浦区科技局	
135	江苏农村科技服务超市苏嘴镇设施蔬菜产业便利店	楚州区科技局	淮安市
136	江苏农村科技服务超市白马湖乡特色畜禽产业便利店	楚州区科技局	
137	江苏农村科技服务超市高良涧便利店	洪泽县科技局	
138	江苏农村科技服务超市吴城镇设施蔬菜产业便利店	淮阴区科技局	
139	江苏农村科技服务超市棉花镇便利店	淮阴区科技局	
140	江苏农村科技服务超市丁集镇设施蔬菜产业便利店	淮阴区科技局	
141	江苏农村科技服务超市席桥乡特色畜禽产业便利店	淮阴区科技局	
142	江苏农村科技服务超市戴楼便利店	金湖县科技局	
143	江苏农村科技服务超市龙兴村设施蔬菜产业便利店	涟水县科技局	
144	江苏农村科技服务超市和平镇设施蔬菜产业便利店	清浦区科技局	
145	江苏农村科技服务超市城南乡设施蔬菜产业便利店	清浦区科技局	
146	江苏农村科技服务超市王集便利店	泗阳县科技局	
147	江苏农村科技服务超市新袁便利店	泗阳县科技局	

附录二　2012 年江苏省农业信息化发展政策文件

2012 年农业信息服务全覆盖工程项目建设标准与绩效考核指标

（江苏省农业信息中心 2012 年 7 月 19 日发布）

2012 年度远程视频监控系统项目建设标准与绩效考核指标

根据 2012 年农业信息服务全覆盖工程项目建设申报指南及 2012 年农业财政项目绩效目标考核要求，对远程视频监控系统项目提出如下建设标准及要求：

一、建 设 标 准

（一）监控点建设标准

1. 数量及要求：要求选择本区域内 10 个以上不同的视频监控点，监控点选择要求具有典型性和代表性，并确保监测控设备安全可靠运行；监控点原则上应涵盖设施园艺、畜禽养殖、水产养殖、大田种植等四类。

2. 规模：设置监控点的基地应有一定规模。设施园艺面积 2 亩以上，畜禽养殖面积 1000 平方米以上，水产养殖面积 5 亩以上，大田作物面积 20 亩以上。

3. 设施：各监控点监控摄像头分辨率不低于 800 万像素；各监控点须安装生产环境关键因子(如：温湿度、气体、光照、土壤养分等等)数据采集传感设备 2~5 种；各监控点安装用于调控生产环境关键因子的自动化机电设备(如：排风扇、水帘、供暖、灯光、饲喂、清粪等设备)。配备支持远程视频监控系统正常运行的服务器、网络传输、数据存储等必要硬件设备，确保监控点农业生产监控视频保存 6 个月以上。

4. 专家系统：有条件的监控点应建立专家系统和小型气象站，设置环境控制的合理参数，实现报警、自动控制、远程控制等。

5. 人员：监控点明确1~2名人员负责。

监控点原则上应选择基础条件较好的地方，如现代农业园区、规模养殖场等。

(二) 县级监控中心建设标准

1. 规模：在市、县(市、区)农业部门内安排一间远程监控室，面积不小于20平方米。

2. 设施：远程监控室内安装电子屏幕或电视幕墙等电子显示系统，用于实时显示各监控点的农业生产情况(显示图像、声音、温湿度、气体、光照、土壤养分等)。预留WEB方式在线监控接口，供省级监控中心调用展示。配置支持监控系统正常运行的服务器、网络传输以及数据存储等必要设备。

3. 功能：市、县(市、区)监控中心不但可以实时监控基地农业生产状况，而且可与监控点实现在线交流功能，能及时发布生产指导、预警信息，指导基地农业生产，信息发布后基地在5分钟以内可以正常接收并显示。监控中心可以利用计算机互联网、手机短信等方式发送部分环境因子调节指令，各监控点可以正常接收指令并自动调控相关机电设备。依据监测信息，开展分析研究，提出决策参考报告，供领导决策参考，提升农业部门农业生产经营管理水平，促进现代农业发展。

4. 人员：监控中心明确1~2名人员负责。

(三) 宣传标准

县级监控中心和各个监控点要根据委信息中心统一要求设置项目标识牌，加强对远程监控系统的宣传。另外，鼓励通过以下途径进行宣传，提高系统影响力，带动社会资本参与建设：一是当地报纸；二是当地电视；三是当地电台；四是户外广告牌；五是宣传彩页。

二、绩效考核指标

1. 监控点数量：项目市、县建成 10 个以上远程监控点。

2. 监控点数据传输与保存：市、县中心能汇聚监控点视频和生产环境关键因子监测数据，并保存 6 个月以上，同时具备实时传输到省中心的能力。

3. 监控系统在线交流实现情况：各监控点能与省、市县级监控中心在线交流，接受和发布生产指导、预警信息。实现率 100%。

三、资金使用要求

项目资金主要用于监控点硬件设备(摄像机、视频服务器、监视器等)、视频监控软件购置等支出。从今年起，省级农业信息服务全覆盖工程建设项目不再实行财政报账制，资金管理采取先建后补，以奖代补。各市、县(市)财政部门在收到省下达资金文件后，先预拨项目实施单位省级补助资金 60%部分，待项目验收合格后再拨付 40%部分。项目实施单位要切实加强资金管理，规范资金支出范围，确保专款专用。

四、项目验收要求

各项目实施单位要编制项目实施方案、明确项目实施进度、制定经费预算。项目应于 2012 年 11 月 20 日前建设完成，并向委信息中心提交验收申请，2012 年 12 月 15 日前完成验收。项目验收时，一要准备好项目建设总结报告，内容包括项目实施情况、监控基地个数及明细表、市县(市、区)级监控中心建设情况、系统建设达到的效果和典型特色、宣传开展情况等；二要准备好项目相关佐证材料；三要展示各监控点远程监视、在线交流、远程调控等功能；四要随机选择 2-3 个监控点实地抽查。

2012年度“12316”三农热线工作站项目建设标准与绩效考核指标

根据2012年农业信息服务全覆盖工程项目建设要求，现提出“12316”三农热线工作站项目建设标准与绩效考核指标：

一、项目建设标准

(一) 硬件标准

1. 有一部“12316”热线电话。向当地电信公司申请开通一部以“12316”为号码，固定、移动电话用户可拨打的热线电话，并具备转接专家、自动录音等功能。

2. 有一个工作机构。项目单位成立“12316”三农热线工作站专门工作机构，配备专门工作人员，制定工作站服务制度。有条件的要成立由当地编制部门批准的“12316”三农热线工作站专门单位。

3. 有一间办公室。要设立专门办公室用于安设“12316” 热线电话和发送短信。办公室一般不少于10平方米。并在办公室显著地方悬挂由省农委统一制作的“12316三农热线工作站”牌子。统一背景墙，用于视频咨询。

4. 有一张值班表。结合当地农业产业技术发展需求，组建一支全面覆盖当地农业产业的专家值班队伍，一般不低于10人。根据农时季节排出专家值班表，按时值班接听咨询电话，解疑答惑，提供各方面信息服务。

5. 有一套服务台账。设立专门服务台账簿，记录内容包括来电时间、来电号码、来电姓名、咨询内容、答复内容、答复专家、答复时间等。

6. 有一个短信平台。组建短信采集专家队伍，建立短信采编、发送考核制度；采集区域内4000个以上农业市场主体相关信息，特别是手机号码及需求信息类别，利用省“12316”惠农短信平台，发送本地服务信息。保留所有发送的短信内容，以供查阅、调用和建立本地短信发送日历表(何日发送何短信最合适有效)。

(二) 服务标准

1. 人工值守。正常工作时间内要有专家或专门工作人员接听、处理(直接答复或记录、分办、回复等)来电。严禁以开通自动查询导航或自动录音功能代替人工值守。

2. 专家值班。夏收夏种、秋收秋种、农作物病虫害及家禽家畜疾病高发等关键农时季节的正常工作时间内必须排出专家值班表，安排专家值守接听，必要时在节假日或夜间安排轮流值班，尽量当场直接答复来电咨询。

3. 自动转接或录音。非关键农时季节的节假日或夜间，可以只开通专家自动转接或录音功能，但上班后应及时处理来电录音。

4. 服务上门。根据需要开展专家上门服务活动。

5. 发送有效信息。深入调查研究，了解用户信息需求。紧紧围绕用户需求，精心编制针对性、时效性、可读性强的信息，有效满足用户需要。建立短信发送日历表。

(三) 宣传标准

至少通过以下五个途径的宣传，提高“12316”三农热线知名度：一是当地报纸；二是当地电视；三是当地电台；四是户外广告牌；五是宣传资料。

二、绩效考核指标

1. 农业市场主体满意度。对接受服务的农业企业、合作社、种养大户、农村经纪人等农业市场竞争主体开展问卷调查，主体满意度大于80%。

2. 短信用户数量。要确保采集辖区内 4000 个以上的农业市场主体用户信息。

3. 短信年发送数量。每年平均向每个用户发送实用短信 50 条以上，总计 20 万条以上。

三、资金使用要求

主要用于通信(含中继线)费用支出、广告宣传及专家咨询服务补助。从今年起，省级农业信息服务全覆盖工程建设项目不再实行财政报账制，资金管理采取先建后补，以奖代补。各市、县(市)财政部门在收到省下达资金文件后，先预拨项目实施单位省级补助资金 60%部分，待项目验收合格后再拨付 40%部分。项目实施单位要切实加强资金管理，规范资金支出范围，确保专款专用。

四、项目验收要求

要编制项目实施方案、明确项目实施进度，制定费用预算。项目应于 2012 年 11 月 30 日前建设完成，同时上报预期验收时间，2012 年 12 月 1 日开始组织验收。项目验收应当提交书面验收申请报告和项目建设总结报告。

项目建设总结报告包括项目实施情况；“12316”热线电话功能；工作站人员配备情况及管理制度、服务制度；专家队伍名单；工作站应用热线电话服务情况；12316 惠农短信发送明细表；宣传开展情况；取得成效的典型事例等，并附相应的佐证材料。

“12316”三农热线服务制度

一、“12316”三农热线服务方式以专门工作人员和相关专家人工值守为主，自动转拨专家和录音为辅。工作时间内由专家或专门工作人员值守，负责接听、处理(直接答复或记录、分办、回复等)来电。严禁以开通自动导航查询或自动录音功能代替人工值守。

二、建立“12316”三农热线服务和短信采编专家队伍，负责办理答复咨询及按值班表轮流值守接听电话，结合当地农业产业技术发展需求，解疑答惑，采编短信，提供各方面信息服务。

三、夏收夏种、秋收秋种、农作物病虫害及家禽家畜疾病高发等关键农时季节的正常工作时间内安排专家值班。特殊时期内的节假日或夜间安排专家轮流值班，尽量当场直接答复来电咨询。

四、设立服务台账簿。值守人员应详细登记热线服务台账，内容包括来电时间、来电号码、来电姓名、咨询内容、答复内容、答复专家、答复时间等。建立短信发送台账，内容包括发送时间、发送内容、发送对象、答复咨询等。

五、及时认真总结服务经验，不断提高服务水平。

2012 年度村综合信息服务站项目建设标准与绩效考核指标

根据 2012 年农业信息服务全覆盖工程项目建设要求，现提出“村综合信息服务站”项目建设标准与绩效考核指标：

一、项目建设标准

(一) 站点建设标准

1. 一村一点。项目区域内所有行政村均设置农业信息服务终端——“一点通”触摸屏，有条件的村开通村信息服务网站。明确触摸屏管理维护责任人。

2. 严格选点。以触摸屏使用最大化为原则，应将触摸屏设置于人流集聚区，如行政村服务中心、超市、农资销售店、医务室等，确保设置点环境宽敞，防雷、防火、防盗，避免阳光直射、雨淋等。

3. 保障网络。在同等条件下要优先选择电信宽带，确保触摸屏网络连接稳定、畅通、高速。

4. 建立制度。建立触摸屏管理制度，悬挂于触摸屏设置点，明确每台触摸屏管理、维护人员的职责，确保每日正常开机、运行，保持触摸屏安全、整洁。

(二) 信息更新标准

1. 公共信息。省农委信息中心负责公共信息的更新，同时将适合的地方信息推广为全省公共信息。全年更新信息不少于3000条，每月不少于200条。

2. 本地信息。县级管理员组织设置点信息员，负责当前农事、乡村事务等本地信息的报送与审核发布，确保信息准确、及时。全年报送与审核发布信息不少于3000条，每月不少于200条。

(三) 宣传标准

1. 通过当地报纸、电视、电台、户外广告牌、宣传资料等，向广大农民朋友宣传，提高“一点通”触摸屏农业信息服务平台知名度和使用效率。

2. 宣传典型。总结、宣传推广二个以上利用“一点通”触摸屏取得较好成效的案例。

二、绩效考核指标

1.“一点通”触摸屏建成率：所有行政村开通村级综合信息服务终端——“一点通”触摸屏，建成率达100%。

2. 正常运行率：触摸屏在线率考评按天计算，每日累计在线8小时以上即为在线，在线天数应占当月实际天数95%(含95%)以上。

3. 触摸屏管理维护：触摸屏设置点及管理维护人员职责明确。有条件的村开通村信息服务网站。

三、资金使用要求

省财政补助资金主要用于触摸屏购置补贴、网络费用支出、广告宣传及专家咨询服务补助。从今年起，省级农业信息服务全覆盖工程建设项目不再实行财政报账制，资金管理采取先建后补，以奖代补。各市、县(市)财政部门在收到省下达资金文件后，先预拨项目实施单位省级补助资金 60%部分，待项目验收合格后再拨付 40%部分。对村综合信息服务站建设项目，今年省财政先拨付项目财政补助总额的 50%，待项目验收通过后，明年再拨付 50%。项目实施单位要切实加强资金管理，规范资金支出范围，确保专款专用。

四、项目验收要求

要编制项目实施方案，明确项目实施进度，制定费用预算。项目应于 2012 年 12 月 31 日前建设完成，同时上报预期验收时间，2013 年 1 月 1 日开始组织验收。项目验收应当提交书面验收申请报告和项目建设总结报告。

项目建设总结报告包括设备采购合同(含中标通知书等)、项目实施方案、触摸屏设置点清单(含 MAC 地址编号)、所有触摸屏设置点现场照片、项目实施宣传培训活动、人员配备情况及管理制度、专家队伍名单、宣传开展情况等，并附相应的佐证材料。

江苏省村综合信息服务站管理办法

(试行)

第一章　总　则

第一条　江苏省“村综合信息服务站”是方便广大农民及时了解农业生产、经营管理和市场信息，实现信息服务自助化、常态化，为江苏率先实现农业现代化提供信息服务的重要载体。

第二条　为明确各部门的工作职责，确保“村综合信息服务站”正常运行，保障信息发布的及时、准确，特制定本办法。

第二章　管理机构及其职责

第三条　江苏省农业信息中心是“村综合信息服务站”的主管部门。具体职责：

1.“村综合信息服务站”硬件选型、软件开发、维护、升级及技术指导；

2.“村综合信息服务站”县级负责人的技术培训与工作指导；

3. 公共信息的更新、地方信息的监管及考评。

第四条　县级农业部门是区域内“村综合信息服务站”管理部门。具体职责：

1.“村综合信息服务站”触摸屏在县域内设置点选择，确保触摸屏设备近民、通电、通网、防雷、防火、防盗，确保设置点环境宽敞，避免阳光直射、雨淋，最大程度利用触摸屏，发挥其作用；

2.“村综合信息服务站”触摸屏设备使用监管和本地信息更新；

3. 督查触摸屏设置点信息更新与审核，开展区域内受益人典型事例的调查总结；

4. 触摸屏设置点管理人员的技术培训和业务管理。

第五条　触摸屏设置点(如行政村服务中心、超市、农资销售店、医务室等)是硬件设施的负责单位。具体做到：

1. 每日正常开机、运行；

2. 保持触摸屏的安全、整洁，做好硬件设施的日常维护；

3. 及时主动通过“村综合信息服务站”发布本地(村)信息；

4. 关注触摸屏使用人员的情况，了解公众需求，现场讲解触摸屏功能及使用方法。

第六条　县级农业部门和村委会均应有一名领导分管，明确管理人员，报省主管部门备案。

第七条　县级农业信息技术人员为“村综合信息服务站”的具体工作负责人，负责县域内“村综合信息服务站”管理、信息发送和村级信息的审核。

村委会负责人(大学生村官)，负责触摸屏管理、村级信息收集和更新。

第八条　县级“村综合信息服务站”具体工作负责人、触摸屏设置点负责人应当固定，如有变动及时上报。

第三章　系统监管和内容更新

第九条　“村综合信息服务站”监管软件对各点的触摸屏是否在线等运行状态进行实时监控。

第十条　县级具体负责人，应该每天对县域内触摸屏状态进行监管，及时与触摸屏不在线的设置点沟通、联络，督促触摸屏设备负责人开机、上网。每月将触摸屏设备的运行状况进行统计分析，并报省农业信息中心。

第十一条　省级主管部门将不定期对在线触摸屏进行视频巡检。

第十二条　触摸屏设置点必须维护好硬件设备，未经省级主管部门同意，不得擅自更换硬件设置和修改软件系统。若“村综合信息服务站”软件或硬件出现问题不能修复的，要及时上报当地县级农业部门。

第十三条　责任部门和具体负责人要各司其职，建立信息采集、编辑、发布工作制度，及时更新相关栏目信息。凡更新、补充的信息内容，一定要严格审核，做到准确、及时，杜绝虚假信息。

第十四条　县级农业部门、触摸屏设置点有义务向省级管理部门反映本地“村综合信息服务站”的内容需求和工作改进意见。

第四章　考　评

第十五条　“村综合信息服务站”的管理使用情况纳入县级年度农业信息化工作考评，分触摸屏在线率和栏目内容更新等两类，由系统监管软件实时监控。

第十六条　触摸屏在线率考评按天计算，每日累计在线 8 小时以上即为在线，在线天数占当月实际天数95%(含95%)以上得100分，95%~50%(含50%)以上得 50 分，50%以下不得分。

栏目内容更新按照实际上网显示条数计算，每增加一条加 1 分。

总分按设置点数计算数学平均值进行排名，排名前二分之一的县在年度农业信息化工作考评中加分。

第十七条　县级管理部门应每月将触摸屏设备的在线状态进行统计分析，在线率低的要提出整改措施，并及时上报省级主管部门。

第十八条　省级主管部门对全省统计情况进行通报。

第五章　附　则

第十九条　本办法由省农业信息中心负责解释，自发布之日起试行。

江苏省 12316 惠农短信平台管理办法(试行)

(江苏省农业信息中心 2012 年 9 月 5 日发布)

第一章 总则

第一条 为加强江苏省 12316 惠农短信平台(以下简称短信平台)的管理，建立规范的短信息发布、发送和交互机制，促进短信平台健康、畅通、有序、高效运行，根据《中华人民共和国电信条例》等相关法律、法规，制定本办法。

第二条 短信平台采用全省统一接入方式，是覆盖全省电信、移动、联通网络的，通过手机短信形式服务于广大农户的网络化信息系统。

第三条 短信平台可以为省、市、县农业行政主管部门与省内农民专业合作组织成员、涉农企业从业人员、种养大户等之间提供方便、快捷、安全、高效的通信服务，是实现政务公开、科技服务、友好提醒和应急信息告知的重要载体，是全面落实我省农业信息全覆盖工程、进一步提高我省农林系统综合服务水平的有效途径。

第二章 设备管理

第四条 本办法所称设备是指数据库服务器(含 WEB 服务器)、网关服务器。

第五条 短信平台设备均放置于省农委机房，其中数据库服务器(含 WEB 服务器)按照省农委机房管理规定由省农业信息中心统一负责维护，网关服务器由中国移动通信集团江苏有限公司负责维护。

第三章 运行管理

第六条 短信平台具有短信收发等基本功能。

(一) 短信发送：可以向选定区域，或用户负责区域内的特定农户或农户群发送信息；

(二) 短信定时发送：可以在设定的时间点发送、群发信息；

(三) 交互短信服务：接收上行农户信息，并回复用户要求开通、取消惠农服务短信，接收并回复举报、投诉的处理结果；

(四) 内部信息服务：向系统内部人员发送机关内部通知、提醒服务等信息。

第七条　短信平台具有用户自助管理等高级功能。

(一) 通讯录功能：惠农短信平台通讯录分三个层面，包含农户通讯库、专家通讯库和我的通讯录，通过分级、许可和自助等实施管理。

(二) 用户管理功能：惠农短信平台用户管理分为三级，包含平台管理员、短信审核员、短信发送员。

(三) 统计分析功能：对惠农短信平台用户发送的短信进行统计分析，统计报表按照规定格式进行导出，实现按用户、地区、系统、类别、上行、运营商、审核通过、审核失败、分时段等统计。

第八条　省农业信息中心是短信平台的管理使用部门，肩负有管理和维护等双重职责。

主要包括：

(一) 负责短信平台的日常业务运维工作；

(二) 负责监督和规范短信平台的使用；

(三) 负责短信平台业务需求提出、变更和开发工作；

(四) 负责短信平台与 SP 服务商的网络专线、硬件设备维护及安全工作；

(五) 负责短信平台技术支持，保障短信平台正常运行。

第九条　短信平台实行统一管理，按区域划分使用，各市、县(市、区)农业部门按照区域划分，为区域内的农户提供信息服务。

功能权限划分如下：

(一) 平台管理员：平台管理员即为超级管理员，拥有短信平台软件的超级管理员权限，注册二级管理员，委派管理权限、管理责任和发送数量等，实际短信平台软件的分级、分区域监督管理功能。

(二) 短信审核员：用户权限为二级管理员，拥有短信审核、发送权限。审核所属区域内短信发送员所报送的短信，并核准发送。

(三) 短信发送员：短信发送员只能利用短信平台进行短信上报，只能对自己所报短信进行修改和删除。

第四章　安全管理

第十条　平台管理员由省农业信息中心负责委派。

第十一条　短信审核员、短信发送员由各市、县(市、区)农业行政主管部门选派。每一个区域可选派 1 名短信审核员、多名短信发送员。

第十一条　各市、县(市、区)农业行政主管部门必须向省农业信息中心出具《关于使用 12316 惠农短信平台的申请》的书面报告，签订《江苏省 12316 惠农短信服务平台权限使用协议》。

第十二条　省农业信息中心根据各区域农业信息工作的实际水平，选择设立短信审核员。

第十三条　短信审核员、短信发送员的相关信息和权限由平台管理员设定、分配，分别设定用户名、录入手机号码、短信后缀和初始密码等相关信息。

当短信审核员、短信发送员登录短信平台时，系统会要求输入用户名、密码和随机验证码。

用户名、录入手机号码和短信后缀等相关信息短信审核员、短信发送员无权修改，随机验证码在登录时由系统以短信方式发至指定号码的手机上。

第十四条　平台管理员、短信审核员、短信发送员必须妥善保管短信平台的有关登录资料，不得泄露给他人，因资料保管不善而引起的一切后果，对责任人按照省农委的有关规定进行处理。

第五章　短信发送

第十五条　短信的收集、撰写工作要求。每条短信，其字数要求控制在70个字符之内(含后缀名)，要求意思完整、表达清晰、通俗易懂。

第十六条　短信类型分专业技术和通用两类。

专业技术类短信的收集、撰写。收集、撰写专业技术短信时，要结合农业生产实际、符合当前农时季节，要有明确的发送日期或期限。短信内容中不能包含有国家法律法规禁止使用和限制使用的农药、兽药、饲料添加剂等名称，能帮助指导解决当前生产中遇到的实际问题，做到准确、实用和便于操作。

通用类短信的收集、撰写。通用类短信主要包括全省天气趋势、灾害性天气预警、省级涉农法规政策、重要通知文件等，要明确发送区域、注重发送时效。

第十七条　各地要深入调查研究，了解用户信息需求。紧紧围绕用户需求，精心编制针对性、时效性、可读性强的信息，有效满足用户需要。建立短信发送日历表。

第十八条　审核、发布工作要求。信息发送时，由短信发送员先行在系统中填报，经短信审核员或平台管理员审核合格后的方可发布。

对不符合要求的短信，短信审核员或平台管理员可进行驳回，并告知短信发送员问题的所在。短信发送员可对被驳回的短信进行修改后重新提交，直至审核发布。

第十九条　省农业信息中心根据需要可以收回已经委派给短信审核员的审核发布权限。

第二十条　短信审核员、短信发送员必须严格按照审批程序和内容要求进行审核发布。

第二十一条　未经严格审核，出现下列情行之一，立即收回审核发布权：

1.三次以上(含三次)没有正确选择信息发送类别；

2.三次以上(含三次)发送超限短信；

3.三次以上(含三次)发送短信内容中包含有国家法律法规禁止使用和限制使用的农药、兽药、饲料添加剂等名称；

4.为了完成短信发送任务，短时间内密集发送；

5.未经许可，擅自利用平台进行短信发布。

第二十二条　各级农业部门要自觉维护和保障短信平台的正常安全运行，严格遵守国家相关法律、法规，保证短信内容的信息安全，并切实做到：

(一) 建立健全内部保障制度、信息安全制度、农户信息安全管理制度；

(二) 建立健全信息安全责任制度和信息发布的审批制度，严格审查所发布的信息；

(三) 严格遵守国家通信短信管理等有关规定，对使用本系统编辑的短信内容进行把关，保证信息内容的健康、合法。

第二十三条　严禁短信平台管理和操作人员利用该系统制作、复制、发布、传播含有下列内容的信息：

(一) 反对宪法所确定的基本原则的；

(二) 危害国家安全，泄露国家秘密，颠覆国家政权，破坏国家统一的；

(三) 损坏国家荣誉和利益的；

(四) 煽动民族仇恨、民族歧视，破坏民族团结的；

(五) 破坏国家民族宗教政策，宣扬邪教和封建迷信的；

(六) 散布谣言，扰乱社会秩序，破坏社会稳定的；

(七) 散布淫秽、色情、赌博、暴力、凶杀、恐怖或者教唆犯罪的；

(八) 侮辱或者诽谤他人，侵害他人合法权益的；

(九) 含有法律、行政法规禁止的其他内容的。

第二十四条　对于违反本管理办法的单位和个人，省农业信息中心有权停止其使用短信平台，并依照相关法律、法规的规定严肃处理。

第六章　其他

第二十五条　建立全省统一的专家咨询队伍，人数 20 名，由省农业信息中心聘用。主要职责：

(一) 负责专业技术类短信的收集、撰写，每周确保 1 条，全年不少于 50 条；

(二) 负责年度专业技术信息复审，补充、修改、淘汰相关专业技术信息；

(三) 负责上行短信中专业技术问题的解答，解答率 100%。

第二十六条　所聘用的专家应当支付专家费，每年度每名专家 1000 元，所撰写短信被采用后每条支付 20 元，有效解答农户上行咨询短信的每次支付 20 元，参加年度专业技术信息复审每条支付审核费 5 元。

相关专家费用按年度支付。

第二十六条　通过短信平台发送信息发生的费用由省农业信息中心统一结算和支付。

由农户向短信平台发送上行信息的费用由农户按通信公司普通信息收费标准自行支付。

各级农业部门及个人不得私自向短信平台农户收取任何短信费用。

第七章　附则

第二十七条　本办法由江苏省农业信息中心负责解释。

第二十八条　本办法自二〇一二年九月五日起试行。

附录三　2012 年江苏省农业信息化发展大事记

✧1 月 13 日，省农委印发《2012 年农业信息化工作指导意见》。

✧2 月 7~10 日，农业部信息中心郭作玉主任、中央党校“三农”研究中心刘德喜副主任等一行，来我省南京、常州、苏州、无锡等地调研休闲农业信息化情况。徐惠中副主任在南京市陪同调研。

✧启动实施“江苏省村综合信息服务平台”建设方案，进一步完善平台软件功能，明确工作职责，争取落实建设资金。

✧2 月 22 日中央电视台《焦点访谈》播出《启动现代农业新引擎》专题访谈节目，介绍我省(特别是宜兴市)农业物联网建设情况。

✧3 月，江苏省农业信息中心与省妇联合作，启动开展农村妇女实用技术短信服务。

✧3 月，江苏农业网在省政府部门网站绩效测评中，列第 8 名。

✧3 月 8 日，在南京召开全省农业信息工作会议，徐惠中副主任到会并讲话。徐主任回顾总结了 2011 年全省农业信息系统工作成效，全面部署了 2012 年农业信息化工作目标任务、重点工作和推进措施。会上，各市交流汇报了 2011 年农业信息化工作情况及 2012 年工作安排。江苏省农业信息中心就 2012 年农业信息化工作考评、农村综合信息服务平台建设提出了具体要求和措施。

✧3 月 22 日，在南京召开省农委政府网站内容保障工作会议，徐惠中副主任到会并讲话。徐主任充分肯定了江苏农业网建设和运行取得的成效，要求各处室(单位)要按照《关于做好 2012 年江苏农业网内容保障工作的通知》要求，提高思想认识，切实增强做好政府网站内容保障工作的责任意识，要在网站信息内容、时效、质量、形式四方面下工夫，确保政府网站内容保障工作有较大改进，力争今年江苏农业网绩效测评名次前移。会上，科教处、农业局、畜牧局、绿办、经管站等单位作了重点发言。信息中心负责人通报了2011年江苏农业网和省政府门户网站内容保障工作情况，提出了内容保障工作具体要求。

✧5月2日，省总工会表彰一批在社会主义经济、政治、文化建设、社会建设以及生态文明建设作出突出贡献的先进集体和个人。省农业信息中心荣获“江苏省五一劳动奖状”荣誉称号。

✧5月15日，农业部“金农”办专家组来我省对“金农”工程(江苏省建设部分)项目进行技术认定，我省“金农”工程一期项目建设成果得到了专家组的充分肯定。

✧基本建成村综合信息服务省级支撑平台。根据“四有一责”建设行动计划和省政府工作安排，配置村综合信息服务省级支撑平台所需硬件，软件开发、调试基本到位，采集了6000多条相关信息和一批视频节目，基本建成村综合信息服务省级支撑平台。

✧提出关于农产品网上营销发展推进方案。根据省农委领导在《参事建议》2012年第5期上批示(沛良字〔2012〕第40号)精神，省农业信息中心会同市场处、合作社处共同起草《关于进一步加强农产品市场建设与管理的工作方案》，主要包括培育一批典型、开展一次培训、办好一个网站三点内容。

✧召开全省农业信息服务全覆盖工程项目建设工作会议。2012年7月19日，省农业信息中心组织2012年度农业信息服务全覆盖工程项目实施单位，召开了项目建设工作会议。会上，睢宁县、句容市、宿豫区分别交流了村综合信息服务平台、“12316”三农热线工作站和远程视频监控系统项目建设经验和不足，信息中心责任科室介绍了三类项目建设标准、绩效考核指标和工作要求。与会代表进行了讨论，进一步明确了项目建设思路。

✧配合农业部市场司做好江苏农业信息服务体系建设调研工作。7月21日，农业部市场司李昌健司长一行考察江苏省农业信息服务体系建设工作，省农委副巡视员戴志新、办公室主任唐明珍出席了信息中心关于我省农业信息服务体系建设情况汇报会。调研组实地考察了南京、丹阳等地信息服务体系建设情况。

✧ 农业部信息中心副主任吴秀媛同志调研我省农业信息服务体系建设及农业物联网示范应用情况。

✧ 总结我省农业电子政务、电子商务、信息服务、智能农业、农产品质量追溯等方面信息化工作，初步完成江苏省农业信息化专题宣传片剧本编写。

✧ 9 月 10 日，农业部信息中心在太原召开 2012 年度全国农业信息联播工作会议，会上发布了 2011 年省级农业网站绩效评估结果，江苏农业网位居第二名，连续多年位居全国前列；完成我省农业电子商务专题调研材料；参与起草国家发改委农业农村信息化工作意见。

✧ 10 月 18 日，省农业信息中心在丹阳召开全省农业信息技术应用项目建设工作会议，省农委徐惠中副主任出席会议并作重要讲话。

✧ 10 月 18 日，省农业信息协会在丹阳召开会员代表大会，省农业信息中心作了工作总结。大会选举产生了新的一届理事会、常务理事、协会负责人。省民政厅李健同志出席会议并讲话。

✧ 11 月 1 日，省农业信息中心在句容举办全省农业信息技能应用培训班，来自全省 11 个县(市、区)共 60 多名农业企业、农民专业合作组织、农产品行业协会成员及种养大户参加了培训。

✧ 11 月 6 日，省委办公厅省政府办公厅印发《关于加强全省农村综合信息服务平台建设的实施意见》

✧ 省农委吴沛良主任赴苏州、无锡调研农产品电子商务。

✧ 11 月 9 日，村综合信息服务平台项目建设工作会议在南京召开，14 个项目县、2 家中标单位和平台软件开发商等 40 多人参加了会议。

✧ 完成江苏农业网信息资源建设汇总统计及先进个人表彰工作。

✧ 基本完成 2011 年农业“三新”工程“四个一”(一本教材、一个视频、一个挂图、一块牌子)工作。